漫谈数学教育与教学

张玉峰　董焕河　王　美　付夕联　著

中国矿业大学出版社

图书在版编目(CIP)数据

漫谈数学教育与教学 / 张玉峰等著. —徐州 : 中国矿业大学出版社，2017.11

ISBN 978 - 7 - 5646 - 3764 - 4

Ⅰ. ①漫… Ⅱ. ①张… Ⅲ. ①数学教学—教学研究 Ⅳ. ①O1—4

中国版本图书馆 CIP 数据核字(2017)第 270960 号

书　　名　漫谈数学教育与教学

著　　者　张玉峰　董焕河　王　羡　付夕联

责任编辑　褚建萍

出版发行　中国矿业大学出版社有限责任公司

（江苏省徐州市解放南路　邮编 221008）

营销热线　(0516)83884103　83885105

出版服务　(0516)83995789　83884920

网　　址　http://www.cumtp.com　**E-mail**:cumtpvip@cumtp.com

印　　刷　徐州中矿大印发科技有限公司

开　　本　850×1168　1/32　**印张** 7　**字数** 200 千字

版次印次　2017 年 11 月第 1 版　2017 年 11 月第 1 次印刷

定　　价　28.00 元

前　言

华罗庚曾说过:“宇宙之大,粒子之微,火箭之速,化工之巧,地球之变,生物之谜,日用之繁,无处不用数学。”这意味着数学之重要以及数学与人类生存息息相关。大学数学教育在高等教育中的地位与作用毋庸置疑。在科学技术突飞猛进、信息技术迅猛发展的时代,为了培养社会亟须的高素质、高水平人才,高校教师如何引导学生认识数学、学好数学以及培养学生对数学的兴趣,激发他们学习数学的热情就显得尤为重要。为适应社会发展的需要,配合当前的大学数学教学,我们编辑并出版这本书。

本书分3个部分,分别讲述了“数学之美”“数学教育”和“数学方法论及其应用”。

追求美应是数学研究的目的之一。数学家庞加莱指出:“科学家不是因为有用才研究自然的。他研究自然是因为他从中得到快乐;他从中得到快乐是因为它美。若是自然不美,知识就不值得去求,生活就不值得去过了……”数学的简洁性、统一性、对称性、整齐性、奇异性和思辨性等各方面均展现出了数学的内容美与形式美。数学美是现实美的反映,其特征是“人化自然”的结果,也是人的本质力量对象化的产物。揭示数学美离不开对数学创造性活动的探讨,数学创造过程就是逻辑思维与直觉思维交互进行、相互促进的过程。直觉可以导致数学上的发现,而逻辑则可以导致数学的严格化。数学创造性过程的本质就是辨别,就是选择,而这种辨别与选择是与数学美感密切相关的,“科学理论的辩护要从它的美学价值上去寻找,科学方法的辩护要借助于它的美学价值去获得。”探讨数学美的本质,分析数学与艺术的异同,揭示数学美与数学创造之间的关系，其最终目的就是改变人们对数学不公正的看法：数学是单调枯燥的，是僵死的、没有生机的。并由此启发人们自觉地利用数学中的美学思想进行思维、探索与创造。

大学数学教育改革是一个极其复杂的系统工程。基于当前大学数学教育的现状和存在的问题，根据现代数学的结构特点以及当今社会、科技发展的需要，大学数学教育工作者既要重新制定大学数学教育目标和教学目标，又要研究大学数学课程体系的改革，还要考虑信息技术在大学数学教育中的充分运用，等等。我们认为大学数学教育的核心问题就是课堂教学的改革，主要包括教学内容与教学方法的改革。数学史、数学哲学与数学教育相结合已成为我国数学教育改革的一个重要方向。数学既是一种工具，也是一种文化。大学数学教育更应该立足于数学的文化品质，以知识的传授为主体，充分挖掘渗透在知识中的数学思想方法、数学美学因素以及数学精神，再现知识的创造性过程，以此更有效地训练学生的思维，提升学生的人格品质，使学生在学习过程中逐步形成正确的数学观和数学学习观。因此，课堂教学改革的关键就是借助于国内外最新的数学教育研究成果，把数学史、数学哲学、数学思维论等与大学数学教材的内容融合在一起，形成结构合理的、动态的、开放的具有对话状态的课堂教学知识体系，达到“以真示美，以美启真”的教学效果。笔者根据多年的教学实践，对上述相关内容作了一些初步的研究与探索。

问题是数学的心脏，知识是数学的载体，方法是数学的行为，思想是数学的灵魂。正是通过问题的解决，产生了数学思想方法，由此建立新的概念、新的理论。数学思想方法是数学创造的工具，是数学文化的重要构成部分，也是数学教育的核心内容。徐利治先生曾明确指出：“我们从事数学工作的人，……其中包括大量的中学和大专学校的数学教师们以及一些专职的科研工作者，为什么应重视数学方法论的研究呢？我想回答是简单的：有出息的数学工作者总是要在数学科学中有所作为、有所创新的。尤其是数学教师们总是希望能够多教出些有创造发明才能的学生。因此，怎样去研究数学问题，怎样才能去发现数学原理和创造数学方法，这些属于方法论范畴的问题，自然需要引起足够的注意和认真的研究。”事实上，从教育层面上看，数学方法论具有培养学生的科学素养和文化修养功能；从科学研究层面上看，数学方法论具有发现问题、解决问题的创新指导作用；从数学方法论本身而言，其研究内容非常丰富，包括数学与思维、数学与哲学、数学史与数学发展史志、数学发展与近代科学技术的关系。

数学是提升个人综合素质的基础学科，也是通向各学科领域的工具和桥梁。我们希望通过该书为高校广大数学教师提供数学教学研究与探讨的空间。在本书编写过程中得到徐本顺、冯滨鲁等教授的指导和帮助，在此一并表示感谢。同时由于编者水平有限，错误在所难免，欢迎读者批评指正。

著　者

2017 年 9 月

目　录

数学之美

数学具有三重目标。它应该提供用以研究自然的手段。此外它有一个哲学目标,并且我敢说还有一个美学目标。它应该刺激哲学家探究数、空间和时间概念;而首要的是,内行能从数学中得到与绘画、音乐所给予的相类似的乐趣。他们欣赏数和形精美的和谐;当一个新的发现为他们展示了意外的前景时,他们感到惊奇;他们从而得到快乐,这里尽管感官并未介入,但这难道不具有美学特征吗?的确,仅有少数有特权的人能够完全欣赏它,但是对所有最高雅的艺术,情况不正是这样吗?因而我毫不迟疑地说,数学是值得为数学而发展的,而那些在物理中不能应用的理论也像其他理论一样值得研究。

—H. Poincare

数学是有用的,如果谁想理解自然并利用它的能量,那他甚至不能离开数学。不但如此,数学还是有趣和美丽的,是令人兴奋的,是一项美妙的人类思想探险活动。我想数学的美不是一件辅助的、附带的事,它是数学的一个基本特征。真理永远是美的,而美的东西总是真的。那些对数学抱有未开化的见解的人不理解这一点,其原因或是他们看不到数学之美,或是虽看到它却又怀疑它。他们认为美是多余的奢侈,并且他们在背向它时才觉得自己更接近现实。

—A. Renyi

数学之美，只有你真正地投入到了这门学科，你才会发现，它是这样的动人，令人无法自拔。千百年来，无数人倾尽一生来拥抱数学这门学科，有的花了毕生心血只为一个公式的推理与证明，有的穷尽一生只为寻找那不现身的无理数，有的则深陷在多维空间探索宇宙奥秘。他们留给后人的是无数宝贵的财富，他们的研究值得我们去深思、去研究、去讨论。

第 1 章　数学美的本质

数学家庞加勒曾把数学美的内容和基本特征概括为统一性、简洁性、对称性、协调性和奇异性。徐利治教授认为这一概括十分精辟，也为大多数数学家所承认。数学美的概念与其他的事物一样，也是随着社会的发展而发展的。

1.1　美的根源

为了解读数学美的根源，先谈一下美的根源。

人的美感的形成是长期的社会实践，特别是生产劳动实践，在自然人化的历史过程中积淀的结果。就个体来说，主要靠个体训练、文化传统、个人修养。

人类的史前文化源远流长。人类在几十万年制造和使用工具的物质生产实践中，在作为运用规律的主体活动的劳动过程中，各种自然秩序，形式规律，对称、比例、和谐、均衡、秩序、节奏、韵律等，与主体心理结构形成同形同构对应，从而成为美。科学家在从猿到人的研究中，也充分说明，从人手、人脑到人的生理-心理结构，包括诸如逻辑、数学观念的智力结构等，都起源于制造工具的活动中。从美学角度看，这个史前的漫长历程，在主体方面萌发和形成的审美心理结构就是美感的本质，在客体方面就成为美的根源，即美的本质[1-2]。

1.2　数学美是现实美的反映

从新石器时代的陶器几何纹饰图案看出[3]，新石器时代的人已具有了圆、圆柱、圆锥、圆台、球、垂直、平行、弧形、三角形等几何观念;对均衡、比例等特性有了较多的体会,其审美意识也就产生了,在绘图和设计中表现出对空间关系的关心。这种关系铺设了通向几何学的道路,陶器、编织物上的图案,显示出和谐性、对称性和相似性。这些特性反映了图形中蕴含着一些初等数学关系,由此,一种朦胧的数学美也就孕育其中。

数学从原始礼仪图腾分化出来之后,首倡"数学美在于形式"说的是毕达哥拉斯学派。这个学派盛行于古希腊(公元前6世纪),他们都是些数学家、天文学家和物理学家。该学派从现实基础上提出对美的看法,首先从数学与声音去研究音乐节奏的和谐。他们认真研究了琴弦长度之间的关系,发现乐器的琴弦在一定的张力作用下,其频率与弦长成反比,如果两根弦长之比为2∶3,那么振动频率之比为3∶2。又发现用3根弦组成的乐器中,当3弦长度之比为3∶4∶6时,发出的音最和谐。因此他们持美就是和谐、比例适度的观点。后来把所发现的数的和谐原理,推广到天文学的研究,从而形成了"天体音乐"或"宇宙和谐"的论断。他们把数视为构造宇宙万物的基本因素,数的和谐就构成了宇宙的和谐。美就从这一和谐中产生出来。从数量、比例出发,他们找出了美的一些形式因素:完整(圆、球最美)、比例(黄金分割最美)、对称、节奏等。

下面我们对"对称"这种形式美稍微多说几句。在客观世界中处处有对称[4]。人体外观上左右对称;鸟类具有对称的翅膀;鹿的头上顶着高大的对称的角;翩翩飞舞的彩蝶,不仅双翅是对称的,翅膀上的美丽花纹图案也是对称的。五重对称性在花卉世界是常见的。雪花的花纹呈六角对称性;肉眼看不见的许多病毒具有高度的对称性;固态的晶体结构是由对称排列的原子和离子所组成的。数学上的对称概念正是从自然事物形状抽象而来的。对称概念从形式上看给人以美感。艺术家发现对称性的审美价值就赋予其创造物的对称性。现代各种徽标和图案设计有各种不同类型的对称，既有反射对称，又有旋转对称；既有平移对称，又有滑动反射对称；以及这些对称的任意复合所形成的复合对称。在工程和建筑中也都充满了对称设计。我国古代建筑物更多具有对称性结构，庭院布局（如故宫）则往往呈轴对称，以展现严肃、方正、井井有条的理性精神。

数学是对现实的冷静、理智、抽象的认识，并通过确定的数学符号、形式结构表述出来。客观现实的美也就随着一定的数学形式表现出来，这就有了数学美。也就是说，数学美是现实美的反映，是现实肯定实践的一种自由形式，它既有社会性，又有物质性。数学美只是美的一部分，更确切地说，是科学美的一部分。数学美除了具有美的本质属性外，还有其他个性，即其表现形式是抽象的数学语言。好奇心、求知欲望、登上数学高峰的理想的综合作用决定了有的人喜欢数学，有的人不喜欢数学。

另外，数学素养、艺术素养和哲学素养是数学审美心理结构的构成因素[5-6]。数学价值因素是数学家选择数学事物作为研究对象的基础，而艺术素养对数学美感具有激励作用。数学家的艺术素养有助于促进其思维达到数学的创造境界。哲学素养能给数学家综合理论的指导，有助于数学家洞悉数学的内在美和理论美。

1.3　数学美的发展

数学美的概念与其他的事物一样，也是随着社会的发展而发展的。数学是真、善、美的辩证统一。数学的真、善、美反映了数学3个不同的侧面，就其反映外部现实的真实存在事物量的必然性而言，就是数学的“真”，就其表现对外部现实和日的要求而言，就是数学的“善”；就其体现人的能动的创造力而言，就是数学的“美”。数学的真、善、美统一于人类的社会实践中。数学随着社会的发展而丰富着，数学美的内容与特征也在不断丰富着，从不太完美的形式向比较完美的形式过渡。下面我们仅以数学的对称美这一侧面予以阐述。

19 世纪 70 年代，从不同的角度反映电场和磁场的基本性质的库仑定律、安培定律、毕奥-沙·瓦拉定律、法拉第定律都已被发现，在统一美的驱使下麦克斯韦则运用偏微分方程和矢量代数把电和磁统一起来，建立起赏心悦目的麦克斯韦方程组：

$$\begin{cases}\nabla\cdot \boldsymbol{E}=4\pi\rho,\\ \nabla\cdot \boldsymbol{B}=0,\\ \nabla\times \boldsymbol{E}+\dfrac{1}{C}\dfrac{\partial \boldsymbol{B}}{\partial t}=0,\\ \nabla\times \boldsymbol{B}-\dfrac{1}{C}\dfrac{\partial \boldsymbol{E}}{\partial t}=\dfrac{4\pi}{C}\boldsymbol{j},\end{cases}$$

$$\begin{cases}\oiint \boldsymbol{E}\cdot \mathrm{d}\boldsymbol{\sigma}=4\pi Q,\\ \oiint \boldsymbol{B}\cdot \mathrm{d}\boldsymbol{\sigma}=0,\\ \oint \boldsymbol{E}\cdot \mathrm{d}\boldsymbol{e}=-\dfrac{1}{C}\iint \dfrac{\partial \boldsymbol{B}}{\partial \tau}\cdot \mathrm{d}\boldsymbol{\sigma},\\ \oint \boldsymbol{B}\cdot \mathrm{d}\boldsymbol{e}=\dfrac{4\pi}{C}I+\dfrac{1}{C}\iint \dfrac{\partial \boldsymbol{E}}{\partial \tau}\cdot \mathrm{d}\boldsymbol{\sigma}。\end{cases}$$

这个方程组，从数学形式看，具有完全优美的对称形式。从物理内容看，揭示了物理世界的对称美，概括了丰富的物理内容。由之可推演出极化电荷和诱导电流、介质中的麦克斯韦方程组、在边界上的麦克斯韦方程组、欧姆定律、场的物质性、场的波动性、场的粒子性等一系列重要结论，物质世界千差万别的现象，浓缩为几个基本方程。有人说这是一首耐人寻味的优美诗，一首感人肺腑的交响乐曲。蕴含其中两个最重要的对称性，是当时建立这个方程组的麦克斯韦始料未及的。一个是狭义相对论对称性，这是 1905 年由爱因斯坦所发现的；另一个是从 1915 年开始到 1970 年，经过半个多世纪的探索，才了解到的规范场的对称性。这两个对称性的发现是 20 世纪末物理学最重要的成就之一。

对称是一个十分广泛的课题，在自然界和艺术中有重要意义。反映到数学上，数学家给出严格的对称概念[7-8]。首先给出特殊图形的概念：反射对称、旋转对称、平移对称、滑动反射对称。后来借助映射通过群的概念给出一个更一般的对称群的概念。对称是一个几何图形中的如下的性质：在某个变换群 G 的作用下，Φ 被映射到自身上，这个群称为 Φ 的对称群。这个对称反映一个图形形状的某种正则性，即它在群 G 中的变换作用的不变性。对称这种变与不变的特性，在数学发展的历史进程中，曾引起许多数学家心理上极大的震撼。17 世纪雅各・伯努利(1655～1705)对对数螺线进行了深入研究，发现这种曲线经过多种变换后仍然为对数螺线。例如对数螺线的渐屈线和渐伸线都还是对数螺线。自然对数螺线的极点至其切线的垂线的轨迹，也还是对数螺线。以极点为发光点，经对数螺线反射后得到无数条反射线，与所有这些反射线相切的曲线，仍然是对数螺线。对数螺线放大或缩小后的性质丝毫不变，只是位置有所变化而已。雅各・伯努利深为这种特性所眷恋，按照他的遗嘱，在他的墓碑上镌刻上一正一反两条对数螺线，并附以颂词："虽然变化了，但我依然如故！"18、19 世纪之交的数学王子高斯(1777～1855)用直尺和圆规给出正十七边形的作图法，这是他还是 19 岁年轻人时发现的。直到那时，他对此后是从事古典文化的研究还是从事数学研究尚拿不定主意，这一成功促使他最后决定选择数学事业。正十七边形的几何图形是由一阶数为 17 的循环群来刻画的，但它隐含的代数对称性却是一阶数为 16 的循环群表述的，这种代数上的对称性决定了正十七边形的可作图性。高斯逝世后，为了纪念他，按照他的遗嘱为他建立起正十七边棱柱形台座纪念像。

对称美经一代又一代人的不断积淀，愈来愈强烈地影响着数学家审美心理。1912 年，德国的年轻科学家劳厄，得到了在晶体中揭示 D8 的对称图案的 X 光衍射照片，发现晶体的 X 射线衍射。

随后，英国科学家布拉格父子用X射线衍射分析了晶体结构，从而奠定了现代矿物学的基础。他们于1914年、1915年分别被授予诺贝尔物理学奖。英国科学家克里克和威尔金斯与美国科学家沃森准确地确认出DNA分子的对称性，于1953年建立起DNA分子的双螺旋模型。这一模型揭示了生物世界的多样性统一，绝妙地阐明了遗传物质在遗传、生化和结构方面的主要特征，在人类揭示生命奥秘的征途上竖起了一个光辉的里程碑。由于这一成果，他们于1962年被授予诺贝尔医学生理学奖。

综上所述，相对数学美的鉴赏者的意识，它是存在于数学世界中，但相对客观世界的现实美而言，它是第二性的，是意识形态的。美是客观的，现实与数学，存在与意识是有分有合，是对立的统一。美诞生于生活、实践和现实的能动关系中，它经过人们的主观意识的反映，成为数学中的美，经过人们的思想情感又影响人们的数学实践、科学实践、社会实践活动，从而又创造和增多了现实的美、生活的美。于是反复循环，不断上升，人们就创造出了更新更美的生活，也不断创造出更丰富、更完美的数学。这正是思维与存在的同一性，主观与客观，数学与现实的辩证法。数学来源于现实，又为现实服务。

注：

[1] 徐本顺. 数学中的美学方法[M]. 大连：大连理工大学出版社，2008.
[2] 刘萍，张雄. 数学美的哲学思考[J]. 数学教育学报，1999，8(3)：38.
[3] 中外数学简史编写组. 中国数学简史[M]. 济南：山东教育出版社，1986.
[4] 赫尔曼·外尔. 对称[M]. 冯承天，陆继宗，译. 上海：上海科技教育出版社，2002.

[5] 克莱因. 西方文化中的数学[M]. 上海:复旦大学出版社,2004.
[6] 邓东皋,孙小礼,张祖贵. 数学与文学[M]. 北京:北京大学出版社,1990.
[7] 叶宝生. 科学之美[M]. 北京:中国青年出版社,2002.
[8] 徐利治. 徐利治论数学方法学[M]. 济南:山东教育出版社,2001.

第2章 数学与艺术的关系

数学既是一种工具,又是一种文化;数学既是一门技术,又是一门艺术。关于数学与艺术的关系,许多数学家和学者都有过精辟的论断,只不过这些论断都是局限于某一侧面的。探讨数学与艺术的关系应该包括许多内容,诸如数学研究对象的来源与艺术创作素材的来源、二者的思维方式有何异同、审美机制与审美标准有何异同、社会与育人功能有何区别等等。本章就思维方式、思维过程和思维效果阐述了数学与艺术的异同;从人类的认识规律及创造性过程来看,数学与艺术是相互交融的;从历史的角度指出数学与艺术之间是相互促进与相互发展的。

2.1 数学与艺术的异同

相异点:从思维方式来看,数学思维方法突出特点在于,将客观现实中事物从量的侧面,通过人的头脑抽象为数学概念,借助数学概念进行推理活动,因而要求概念具有确切性、简明性和一义性;而艺术思维方式突出特点在于,借助人脑中的主观映象或表象或意象进行思维,因而要求其映象或表象或意象具有鲜明性、生动性和丰富性[1-2]。从思维过程来看,数学家把从客观世界抽象出来的数学概念进行判断推理,构成命题、猜想,进行证明,形成定理、公式、法则,通过分析、综合、概括建立理论系统,并予以解释与应用。在已有理论的基础上,还可以通过逐级抽象,建立更完善更一般的理论系统。这是一个从具体到抽象,从个别到一般,再从一般到具体的认识过程,进而达到对客观事物的本质把握。而艺术的思维过程是一位艺术家对反映世界的感性的主观映象或表象或意象不断分析综合、集中概括的过程，是一个从具体到具体，从个别到个别的显象化过程。它不断集中、加强、熔铸事物的主观感性映象或表象或意象具体性、个别性，从而表现事物普遍性、一般性的本质过程。简言之，它通过反映世界的感性主体形象的丰富、提炼和熔铸，从而创造富有典型意义的艺术形象，进而达到对事物本质的把握。从思维结果来看，数学思维结果是抽象化的数学概念、定理、法则、公式或完整的数学理论体系。艺术思维结果是经过典型化或审美化的艺术形象或艺术意境。从对作品的价值判断来看，判断数学作品的价值时，数学共同体的成员的意见近乎完全一致。一件好的数学作品必须满足一些必要条件，例如逻辑的严谨性、表述的简洁性和应用的广泛性，其鉴赏的意见具有历史的持久性；而艺术作品的价值不存在这种一致的标准，其鉴赏的意见往往是短暂风尚所致的。从历史的发展过程来看，数学具有累积性，而艺术具有个体性，数学活动经常是在前人成果的基础上加以修改、补充、完善和拓展，在数学发展的每个阶段上，都是积极地保存着人类世世代代获得的知识，同时尽可能地增加新知识，这就是数学知识的积累性。而艺术是在一些个体性、离散性个体发展中体现出来的。在数学领域里新一代的数学家必须在前一代数学家取得的成果基础上继续前进，而在艺术领域里，新一代的艺术家除了风格的继承和技巧的连续性外，其他的艺术创造活动都要从零开始。此外，数学理论是可替代的，而艺术作品是不可替代的，也就是说，在一定的条件下只存在一个统一的数学发现或发明。比如，数学发展史上如果不是牛顿和莱布尼兹发明微积分，那么尔后的某一个时期，也会有另外的数学家发明微积分。可在艺术领域却不是这样，文艺复兴时期的艺术大师达·芬奇画的《蒙娜·丽莎》，就不可能有另外的人创作出同样的《蒙娜·丽莎》这幅杰作。

相同点：从人类认识规律的角度看，无论是数学还是艺术都服从人类认识和改造世界的普遍规律，都属于人类认识和实践的高级自觉阶段，都要在一定的世界观的指导下，经历从现象到本质，从感性到理性的过程，都能达到对事物的本质认识和实际的改造。从追求的目标来看，无论是数学家还是艺术家，尽管他们从事的工作类型各异，但他们在各自从事的事业中所追求的目标是一致的。他们都采用各自特定的符号表述自然、刻画社会、揭示心灵，以推动社会的发展和人类文明，促进人的全面发展，培育和铸造一代又一代的新人。从创造活动来看，无论是数学家还是艺术家，他们进行的创造性思维活动有三个显著的共同点[3]：第一，对于他们所选择的课题有较大的自由性。第二，他们在确定可能供选择的课题时伴随着和渗透着主体的审美情感。第三，他们进行的创作活动都可视作某种基本元素的组合，画家进行色彩和形态的组合，音乐家把乐音组合起来，诗人组词，而数学家把一定类型的数学符号、数学概念组合起来。

2.2 数学对艺术的作用

数学有助于艺术的创造。早在公元前 600 年，古希腊毕达哥拉斯学派就运用数学方法对琴弦振动进行了研究，提出了关于音乐的数学理论，建立了音程理论，制定了音阶。建立在数学基础的透视原理的绘画是艺术发展史上的一座里程碑。对透视学做出最大贡献的文艺复兴时期的艺术大师达·芬奇说："任何人类的探索活动也不能成为科学，除非这种活动通过数学这种表达方式和经过数学证明为自己开辟道路。"他认为绘画目的是再现自然界，而绘画的价值就在于精确地再现，故而绘画是一门科学，同其他科学一样，其基础是数学。20 世纪苏联数学家柯尔莫哥洛夫用数学方法对诗歌的节奏组织法进行研究，创造了一门特殊的学科——艺术计量学。

数学的纽带作用：声音归结为正弦函数，电流也可以用正弦函数来刻画。正是这两者在数学中的这种统一性，我们就可以使音乐通过无线电波传递出去，即由声波转换为电流，由电流再转化为电磁波，然后通过接受台，最后借助扬声器的振动而产生声波，在这之间数学起到了一个纽带的作用。

数学可以用来鉴别艺术作品：从概率论统计角度看，某个语言形式在话语中出现都是随机现象。在对语言素质进行宏观研究中，可以发现这种随机现象呈现出统计性、规律性，对这类规律性的研究就形成了一门边缘学科——统计语言学，它包括词汇统计学、文体统计学以及语言结构本身的统计研究。1980年，英国有人借助计算机，利用文体统计分析方法确定了在英国国家图书馆收藏的一部分没有署名的剧本是莎士比亚的作品。这种利用数学与计算机对文学作品作辅助考证的事情在国外已经很普遍了。近几年我国学者也作出类似的结果。例如，有人利用这种考证方法对《红楼梦》进行分析，确认该书后40回非曹雪芹所作。

2.3 艺术对数学的作用

艺术可以提供新课题，拓展数学领域：在文艺复兴时期，描绘现实世界成为绘画的重要目标。当时画家需要把3维空间的物体绘制到2维画布上。正是由于绘画制图中提出的这类问题的刺激而导致了透视学的创立。17世纪的数学家开始寻找这些问题的答案，他们把所得的方法和结果都看作是欧氏几何的一部分。到18世纪，数学家对这类几何对象和方法加以系统化，建立了严格的理论体系，于是一门新的几何分支诞生了——射影几何。这门诞生于艺术中的射影几何，集中表现了投影和截影的思想，系统论述了同一物体的相同投影或不同投影的截影所构成的几何图形的共同性质。

艺术有助于对数学的理解与传播：将抽象的数学内容用深入浅出的优美文字表述出来，有助于对数学的理解和传播。著名数学家华罗庚以诗词的形式阐述数形结合的方法，给人以深刻的印象,他写的这首词是:“数与形,本是相倚依,焉能分作两边飞。数无形时少直觉,形少数时难入微,数形结合百般好,隔离分家万事休。切莫忘,几何代数统一体。永远联系莫分离。”当代著名的数学家、科普作家张景中院士的几本数学科普佳作正在广大青少年中广泛传阅着,启迪他们的智慧,铸造他们的数学精神。20 世纪 80 年代数论中哥德巴赫猜想之所以吸引那么多人的兴趣,甚至成为当时人们街谈巷议的热门话题,是因为文学家徐迟写了一篇关于哥德巴赫猜想的报告文学,直到今天人们谈起来还津津有味,可见给人们留下了深刻印象。

艺术改变气质,陶冶情操:数学研究活动,既要有一个长时间集中冥思苦想的阶段,又应有一段松弛的时间,很多数学家有这样的体会,最积极的松弛就是阅读文学名著或听听优雅悦耳的音乐,或欣赏耐人寻味的绘画,或玩味神清气朗的书法,或弹曲自唱。总之,有一种艺术形式伴随往往可以使你获得很好的松弛,潜意识也会得到很好的发挥。

注:

[1] 徐利治. 徐利治论数学方法学[M]. 济南:山东教育出版社,2001.
[2] 克莱因. 西方文化中的数学[M]. 上海:复旦大学出版社,2004.
[3] 张顺燕. 数学的美与理[M]. 北京:北京大学出版社,2004.

第 3 章　数学学习中的类比迁移

数学学科是各种不同知识有机结合的统一体，其生命力体现为不同知识之间内在的联系，这些联系既可以是逻辑的，又可以是方法的。类比是数学创造发明的重要方法，用类比法揭示数学知识的联系更具有现实意义。类比迁移是数学学习过程中的一种重要的迁移现象。在数学中，两个不同知识系统或两个不同问题之间的共同要素以及学习者头脑中的认知结构是影响类比迁移的两个主要因素。两个可类比的系统存在直接和间接两种关系，具有直接关系的两个系统存在着意义完全明确的类比关系，因此可直接进行类比推理。具有间接关系的两个系统，则需要对类比系统进行变换或重整化处理，建构一个中介系统，由此实现给定的两个系统之间的类比。在类比迁移过程中，两个系统的共同要素只是诱因，而过程性知识则起着支配作用。

3.1　类比迁移的心理学解释

学习中为什么会产生迁移，心理学界众说纷纭，各执一词。20 世纪初，心理学家桑代克提出了共同要素说，他认为一种学习之所以有助于另一种学习，“只有当两种机能的因素中有共同要素时，一种机能的改变才能改变另一种机能”[1]。共同要素说强调的是任务之间的表面相似性，即客观刺激物之间有无共同要素的存在，并认为这是保证学习迁移的唯一原因，这里的共同要素是指两种学习情景中的材料性质、学习目的、态度、方法等。尽管共同要素迁移理论得到早期一些实验结果的支持，但是随着一系列实验的分析和研究，这一理论开始受到心理学家的挑战，例如，奥尔伯特认为共同要素说存在一些不能克服的缺点:客观事实找不出共同要素,人类与环境一旦相互作用,其经验便难以用相同要素剖析;两种学习情景之间,不可能找出共同的人类经验[2]。罗律则认为,两学习间的要素相同与否,不能只看客观存在的共同要素,还要看到学习者的知觉与体验,然后才能决定[2]。贾德在批评共同要素说的基础上提出了概括化理论[3]。该理论认为,迁移的发生不在于任务之间表面的类似性,而在于学习者是否对有关知识概括化理解,强调的是原则的类推和应用。在这两种经典迁移理论的基础上,心理学家引入了认知心理学研究的新成果,形成了影响较大的三种迁移理论:图式理论,该理论主要利用学习者的知识结构阐释迁移发生的机制;共同要素理论,这是共同要素说发展的现代版本,从迁移任务和训练任务之间的关系分析迁移的机制;元认知理论,这是学习定势理论的进一步发展,主要利用学习者的元认知能力解释迁移发生的机制。在这三种迁移理论中,类比迁移已成为心理学家研究的核心,所谓类比迁移就是用熟悉问题的解决方法去解决新问题的一种解题策略。它可以发生在具有相同的结构特征的两种不同的概念领域,也可以发生在相同或非常接近的概念领域。类比迁移过程主要有两个环节[4]:一是类比源的选取,即搜索记忆中可供参考的解决方法或可资利用的例子,以确定应该利用哪个原理去解决,称为问题的类化;二是关系匹配或一一映射,即把目标问题与源问题的各个部分进行匹配,根据匹配产生解决目标问题的方法,这是原理的运用。

许多研究者认为类比迁移是解决所有新问题的一个主要方法,有的还认为它是解决新问题的唯一方法,这一观点尽管过于极端,但足以说明类比迁移在学习中的地位和作用。

3.2 数学学习过程中影响类比迁移的两大要素

数学学科是统一的整体,其组织的活力依赖于其各个部分之间的联系。也正是数学知识之间的各种各样的联系，才使数学知识系统形成了一种稳定的结构。按照辩证唯物系统观，对于一个由若干要素相互联系而构成的系统，其结构就是要素及其在整体水平上的相互联系状况和相互作用状况的总体反映，是系统内部相容关系的反映，结构决定系统的功能。作为构成数学知识系统的各种要素如单一的概念、定理、公式等同样是一个完整的系统，其结构就是要素与要素的有机联系与相互作用的性质，具体地表现为要素与要素之间的数量关系或空间位置关系。不同的知识系统之间的关系正是通过分析概念、定理、公式等要素的内在结构及其相互联系状况而建立起来的。在数学中，问题之间的类似性能够促进迁移。两个问题之间的类似性包括抽象原则、问题内容和实验环境的类似性。问题内容主要包括语义领域和表面元素两个方面。在正规问题中，抽象原则指的是公式、原理；在非常规问题中抽象原则又被称为图式和深层结构。实验环境包括实验过程中的背景、实验者和实验程序等。在数学学习过程中，我们常常遇到两个不同的知识系统或不同的问题，它们存在一致的原理、类似的结构、相同的构成部分或相同的本质联系等共性要素，这些共性要素往往就成为问题解决的突破口或新知识的增长点，是数学学习中产生迁移的基因，也是影响类比迁移的一个主要客观因素。

除上述客观因素外，学习者头脑中的知识结构，即认知结构是影响类比迁移的主观因素。心理学家布鲁纳把学习迁移分为特殊迁移和非特殊迁移，特殊迁移是习惯和联想的延伸，非特殊迁移是原理和态度的迁移，是教育过程的核心。“无论我们选用什么学科，务必使学生理解学科的基本结构。”“如果理解了知识结构，这种理解就会使你靠自己的力量前进；你无须为了了解事物的本质而接触每一件事物，只要理解了某些深刻的原理，就可以根据需要推断出各种细节。”[5] 在这里，布鲁纳强调了掌握学科知识结构、领会基本原理和概念是产生学习迁移的充分条件，尽管有所片面，但却说明学科的知识结构在学习迁移中的重要作用。迁移的图式理论的创始人奥苏伯尔指出，为了进行有意义的学习，学习者的知识结构必须具备三个特点：首先，具有用来同化新知识的适当原有知识；其次，已有的知识是按一定的结构、分层次组织的；第三，已有的知识是巩固和稳定的。在奥苏伯尔看来，在概念学习中，学习者必须使新旧知识发生相互作用，这样才能同化概念。这也就是说，原有知识、技能掌握得越丰富、越清晰、越精确、越稳定，可供选择的共性要素就越多，就越容易在旧知识的基础上推广延伸出新知识，就越容易导致迁移。天津师范大学王光明教授认为良好的认知结构的构建是衡量学习效果的重要因素之一。"数学认知是数学学习的重要范畴与基础，数学认知过程优化的目标体现在构建数学认知结构上，而数学认知过程优化的过程体现在学生对数学知识的深刻理解上。"[6]数学学习的最终目的，就是通过某种途径将新的知识或问题纳入已有的认知结构中，使知识在新的问题情景中产生正迁移，这就需要在原有的认知结构和新问题之间架设起"认知桥梁"，这种认知桥梁实质上就是原有的认知结构中可利用的、适当起固定作用的观念，如在学习微积分的有关内容时，常量与变量、有限与无限、离散与连续、曲与直等之间对立统一的辩证关系往往为解决新问题提供适当的固定点，成为由旧知识过渡到新知识的"认知桥梁"。文献[7]指出，利用抽象度分析法揭示知识之间在思想方法上的联系，可以优化知识结构，有助于促进正迁移的产生。南京师范大学喻平教授认为[8]，在数学问题解决过程中，概念域、概念系、命题域、命题系，即 CPFS 结构是对数学认知结构的精确描述，它反映了数学学习特有的心理现象和规律。这里的 CPFS 结构强调了概念与概念、命题与命题之间的各种抽象关系，如等值抽象关系、强抽象关系、弱抽象关系或广义抽象关系，揭示出渗透在各知识点的思想方法，使学习者头脑中的网络知识成为一个"方法系统"。并经实验证明学习者的 CPFS 结构对解决远迁移问题起着关键作用。

3.3　数学中可类比的系统

在数学中，通过两个不同知识系统的比较，找出它们在某些方面的共性要素，把其中某一知识系统中的其他属性推广到另一知识系统中，这一过程就是类比推理。具体地，就是根据某一已知系统（类比系统）的某种属性的知识，通过比较它与所研究的知识系统（目标系统）在某一方面的类似而达到对目标系统的某种未知属性的推测性的理解和启发。这种从类比系统的某种属性的知识过渡到目标系统的未知属性的理解和启发，是以某种一般性的知识或假设作为中介在其中起作用而实现的。目标系统与类比系统存在直接和间接两种关系。

一种是直接关系，即根据类比推理由类比系统对目标系统直接做出判断。具有直接关系的两个系统存在着意义上完全明确的类比关系，具体可以分为如下几种情况：

（1）受同一运算规律支配的两个系统具有意义完全明确的类比关系，从而可以由一个系统的已知属性推测出另一个系统的类似的未知属性。现代抽象代数中关于有限群的研究就是建立在与数论的直接类比之上的，具体地说，每一个正整数都有唯一的质因数分解式；类似地，有限群也可以进行如下分解：它可以被表示成一个“正规子群”和一个“商群”的“积”。从而，任意有限群最终都可以由“单群”而得到建立，这里的单群很显然应是质数的类比物。因为对于质数来说，除去其本身与单位 1 以外，也不具有任何质因数。

（2）具有特殊对应关系如同构或同态关系的两个系统同样存在着意义完全明确的类比。

（3）具有类似结构的初始概念的两个知识系统可以进行直接类比。例如，平面与空间以及低维空间与高维空间的某些理论体系可以进行直接类比。一元函数定积分与多元函数重积分以及线积分和面积分的定义都具有类似的结构，从而可以把定积分的性质类比推广到重积分、线积分和面积分上去，而在分析了微积分基本公式特征的基础上，又可以类比推出格林公式、高斯公式和斯托克斯公式，等等。

另一种是间接关系，即需要对类比系统进行适当的变换，或者根据目标系统已知的信息对类比系统进行重整化处理，得到一个与目标系统有着直接关系的中介系统，通过这个中介系统再对目标系统进行分析判断。这一过程是类比方法运用是否成功的关键，它取决于两个基本条件：

(1) 有关旧知识要素的选取。由于类比所依赖的是已有的知识体系，它与目标系统仅仅具有在某些方面的相似性，因此当某一已知知识系统被选择为类比系统时，就要根据目标系统的已知信息对其进行重整化处理，或者用恰当的语言重新表述出来，这种重整化或重新表述就规定了对其他相似要素进行变换的方向和可能性。

(2) 学习者自身的思维品质。在对类比系统进行重整化或重新表述时，往往需要学习者具有较强的数学直觉能力、较高的知识技巧和大胆的猜测能力，以及灵活、开放的思维方式。

3.4 类比迁移实施过程的具体实例

下面以具体实例说明类比过程的具体实施。

我们知道，若函数 $\varphi(x)$ 为区间 I 上的凸函数，则对于区间 I 上的任意两点 x_1, x_2，恒有

$$\varphi\left(\frac{x_1+x_2}{2}\right)\leqslant\frac{\varphi(x_1)+\varphi(x_2)}{2} \tag{3.1}$$

如何将上述结论推广到如下结论呢？

设 $\varphi(u)$ 是连续凸函数，而 $f(x)$ 与 $P(x)$ 是闭区间 $[a,b]$ 上的

连续函数，且 $P(x)\geqslant 0$，$\int_a^b f(x)\mathrm{d}x>0$，则成立不等式

$$\varphi\left[\frac{\int_a^b P(x)f(x)\mathrm{d}x}{\int_a^b P(x)\mathrm{d}x}\right]\leqslant\frac{\int_a^b P(x)\varphi[f(x)]\mathrm{d}x}{\int_a^b P(x)\mathrm{d}x} \tag{3.2}$$

很显然，不等式(3.1)与不等式(3.2)之间并无相似要素可以比较，难以找出直接的类比关系。但是，由于式(3.2)中含有定积分

$$\int_a^b P(x)f(x)\mathrm{d}x,\int_a^b P(x)\varphi[f(x)]\mathrm{d}x\text{ 及}\int_a^b P(x)\mathrm{d}x$$

由此联想到定积分定义，即可把上述的定积分转化为相应和式的极限，对此我们可以对闭区间 $[a,b]$ 进行 n 等分，其中 $x_i=a+\frac{b-a}{n}i$，$(i=1,2,\cdots,n)$，而 $\Delta x_i=x_i-x_{i-1}=\frac{b-a}{n}$，于是可把式(3.2)化为

$$\varphi\left[\frac{p(x_1)f(x_1)\Delta x_1+p(x_2)f(x_2)\Delta x_2+\cdots+p(x_n)f(x_n)\Delta x_n}{p(x_1)\Delta x_1+p(x_2)\Delta x_2+\cdots+p(x_n)\Delta x_n}\right]\leqslant$$
$$\frac{p(x_1)\varphi[f(x_1)]\Delta x_1+\cdots+p(x_n)\varphi[f(x_n)]\Delta x_n}{p(x_1)\Delta x_1+\cdots+p(x_n)\Delta x_n} \tag{3.3}$$

由于 $\Delta x_1=\Delta x_2=\cdots=\Delta x_n=\frac{b-a}{n}$，故式(3.3)又可以转化为

$$\varphi\left[\frac{p(x_1)f(x_1)+p(x_2)f(x_2)+\cdots+p(x_n)f(x_n)}{p(x_1)+p(x_2)+\cdots+p(x_n)}\right]\leqslant$$
$$\frac{p(x_1)\varphi[f(x_1)]+p(x_2)\varphi[f(x_2)]+\cdots+p(x_n)\varphi[f(x_n)]}{p(x_1)+p(x_2)+\cdots+p(x_n)} \tag{3.4}$$

不等式(3.4)则成为式(3.1)与式(3.2)的中介系统，那么，怎样由式(3.1)过渡到式(3.4)呢？

首先，不等式(3.1)两端体现出结构的一致性，即自变量的结构关系式 $\frac{x_1+x_2}{2}$ 与相应函数的结构式 $\frac{f(x_1)+f(x_2)}{2}$ 的一致性，也

就是都是一种平均值。正是这种一致性促使我们进一步猜想，对于区间 I 中的 3 个点 x_1,x_2,x_3 是否也有类似的结果呢，即

$$\varphi\left(\frac{x_1+x_2+x_3}{3}\right)\leqslant\frac{\varphi(x_1)+\varphi(x_2)+\varphi(x_3)}{3} \tag{3.5}$$

是否成立呢？可以证明不等式(3.5)成立。进而又会联想到对于 I 中的 4 个点 x_1,x_2,x_3,x_4 是否成立下列不等式呢？

$$\varphi\left(\frac{x_1+x_2+x_3+x_4}{4}\right)\leqslant\frac{\varphi(x_1)+\varphi(x_2)+\varphi(x_3)+\varphi(x_4)}{4} \tag{3.6}$$

同样可以证明式(3.6)的正确性。比较式(3.1)、式(3.5)、式(3.6)可以看出，它们的构成要素及其结构都具有明显的类似性，由此可以类比归纳出如下一般结论：

设 $\varphi(x)$ 是区间 I 上的凸函数，则对于 I 中的任意 n 个点，不等式

$$\varphi\left(\frac{x_1+x_2+\cdots+x_n}{n}\right)\leqslant\frac{\varphi(x_1)+\varphi(x_2)+\cdots+\varphi(x_n)}{n} \tag{3.7}$$

成立，当且仅当 $x_1=x_2=\cdots=x_n$ 时等号成立。

利用数学归纳法可以证明这一结论是正确的。

就上述的不等式(3.7)而言，相对于点 x_i 的个数具有一般性，从这个一般性的命题中挖掘体现命题特殊性的特殊因素，则可使我们进一步探讨更具一般规律的普遍性命题。如果把不等式(3.7)改写为如下形式：

$$\varphi\left(\frac{1}{n}x_1+\frac{1}{n}x_2+\cdots+\frac{1}{n}x_n\right)\leqslant$$

$$\frac{1}{n}\varphi(x_1)+\frac{1}{n}\varphi(x_2)+\cdots+\frac{1}{n}\varphi(x_n) \tag{3.8}$$

考察点 $x_1,x_2,\cdots,x_n$ 前面的系数，不难发现，这个变元前面的系数都是 $\frac{1}{n}$，且其和为 1。这可以认为自然数 1 均匀地分配在这 n 个变元的系数上。正是这一点，体现出不等式(3.8)的均等性。由均

等性联想到非均等性，进而可将不等式(3.8)类比推广为下面的结论：

如果函数 $\varphi(x)$ 是区间 I 的凸函数，且 $p_1, p_2, \cdots, p_n$ 是一组不全为零的非负数，则有不等式

$$\varphi\left(\frac{p_1(x_1)+p_2(x_2)+\cdots+p_n(x_n)}{p_1+p_2+\cdots+p_n}\right) \leqslant \frac{p_1\varphi(x_1)+p_2\varphi(x_2)+\cdots+p_n\varphi(x_n)}{p_1+p_2+\cdots+p_n} \tag{3.9}$$

成立，当且仅当 $x_1 = x_2 = \cdots = x_n$ 时，等号成立。

由不等式(3.9)自然可以类比联想到不等式(3.4)，再由离散变量和连续变量的类比，最终通过定积分的定义可推出不等式(3.4)是成立的。

3.5　分析与思考

式(3.1)与式(3.2)之间并不存在明显表面共性要素，更难以找出二者之间结构的类似点，按照类比迁移的结构映射理论，也很难找出二者在要素与要素之间的图映或一一匹配，结构映射也就无从谈起。如前所述，学生原有的知识结构中适当起固定作用的观念对同化新知识有着重要意义，如果学生的知识结构没有可充分利用的、适当起作用的固定观念，可在学生解决新问题前利用通俗直观的语言介绍一些与新问题有关联的更一般、更概括的引导性材料，充当新旧知识的“认知桥梁”，正是对式(3.1)与式(3.2)这两个式子中的离散变量与连续变量的辩证关系(引导性材料)的分析，才联想到定积分的概念，从而建立了连接式(3.1)与式(3.2)的中介系统式(3.4)。式(3.1)与式(3.4)在要素的属性上存在着类似之处，即不等式中的变元都是离散变量，但在结构上仍存在着较大的差异，从式(3.1)直接过渡到式(3.4)存在很大的困难。式(3.1)与式(3.5)无论在要素还是结构上存在着明显的类似之处，

但如果教师不引导学生对式(3.1)中各要素的属性及要素之间的关系结构进行分析、抽象、概括以抓住本质的东西,学生同样难以发生迁移。因此,桑代克把两事物之间有无共同要素看成是迁移的唯一原因,未免过于武断。现代版本的共同要素理论——ACT理论[9]认为,知识可以分为陈述性知识和过程性知识两大类,陈述性知识是关于物体或事件是什么的知识,包括事实、概念、原理等;过程性知识则是关于解题过程或操作程序的知识,可表示为“条件—动作”形式的产生或规则,熟练的技能是陈述性知识被“编辑”为过程性知识的结果。在认知技能的获取过程中,学习者必须首先通过阅读解释性文字材料获得有关的陈述性知识;然后,再通用解题策略的支持下,运用这些陈述性知识解决问题,一旦问题被解决,学习者就将具体问题情景(条件)与适当操作(动作)结合起来,形成解决问题的产生式规则,从而将陈述性知识转化为过程性的知识,随着解题数量的增多,学习者逐渐修改和调整所获得的产生式,不断提高解决问题的技能。数学中的陈述性知识即指用数学术语或数学公式来表述的系统知识,而过程性知识则指渗透在系统知识之中的动态的观念性知识,在数学活动中过程性知识往往是潜在的并且具有个性色彩。陈述性知识与过程性知识比较而言,“过程性知识与人们的活动和观念之间具有更大‘亲和力’”,因为“它融入了个体特定数学活动场景中的特定心理体验,渗透着那些不可言喻的、下意识或潜意识的个性感受,对数学学习者本人而言是鲜活的、有生气的、温暖而亲切的”[10]。按照ACT理论,两种技能之间发生迁移,它们之间必须共用相同的过程性知识,并且两种技能之间的迁移量,可以通过过程性知识的数量来进行估计,如果两种技能共用较多的过程性知识,它们之间将产生显著的迁移;如果两种技能之间共用较少的过程性知识,即使他们共用相同的陈述性知识,它们之间也产生很少迁移或没有迁移。因此,两个知识系统或两个问题在表面的类似之处只是诱因,过程性知识才是迁移的根本。在式(3.1)与式(3.5)、式(3.5)与式(3.6)相似性比较分析的基础上,运用了类比、联想等共同的过程性知识,进而类比归纳出式(3.7)。按照实用图式理论[11],在类比迁移中图式归纳是存在的,但图式归纳并不是自动形成的,而是通过两个或多个类比问题的比较或者通过老师的引导才能形成一个图式。一个类比不足以形成一个图式,因为没有机会和其他类比问题建立映射系。式(3.7)正是在类比式(3.1)、式(3.5)、式(3.6)的基础上,自动归纳而产生的。而对式(3.7)或式(3.8)中各变元系数的均等性这一特殊因素的挖掘,充分暴露均等性与非均等性对立统一关系,由此激发学生联想到各变元系数非均等性时不等式的正确性,于是又得到式(3.9)。再一次使用类比,最终架起了式(3.9)与式(3.4)的"认知桥梁"。

数学学习中的类比迁移过程应是一种创造性过程,在这一过程中,不但要注重知识与知识、问题与问题之间的类似性,更要以此为出发点,努力创造过程性知识,并加以恰当地表征,这样不仅可以达到数学学习正迁移的效果,而且使学习者原有的认知结构得到有效的整合和优化,从而为进一步的类比迁移提供必要的基础,形成良性循环。

注:

[1] 索里 J M. 教育心理学[M]. 北京:人民教育出版社,1982.
[2] 温世颂. 教育心理学[M]. 台北:三民书局,1980.
[3] JUDD C H. The relation of special training to general intelligence[J]. Educational review,1980(36):28-42.
[4] 莫雷,刘丽虹. 样例表面内容对问题解决类比迁移过程的影响[J]. 心理学报,1999,31(3):30.
[5] 严成志. 理科教学原理与学习迁移理论的对比研究[J]. 教育研究,1990(5):55.

[6] 王光明.重视数学教学效率 提高数学教学质量——“数学教学效率论”课题简介[J].数学教育学报,2005,14(3):43-46.

[7] 张玉峰.正迁移与数学教学[J].数学教育学报,1998,7(3):49-52.

[8] 喻平.数学问题解决中个体的CPFS结构对迁移的影响[J].数学教育学报,2004,13(4):13-15.

[9] 李亦菲,朱新明.对三种认知迁移理论的评述[J].心理发展与教育,2001,10(1):60.

[10] 涂荣豹,宁连华.论数学活动的过程性知识[J].数学教育学报,2002,11(2):10.

[11] 曲衍立,张梅岭.类比迁移研究综述[J].心理学动态,2000,8(2):52.

第 4 章　数学证明中的联想

同类比一样，联想也是数学中常用到的一种思想。一个数学命题可能为真，也可能为伪，也可能无法判定。一个为伪的数学命题的证明一般是利用反证法来完成的，其哲学基础是事物的共性必包含其个性，通过否定个性来否定给定的一般性命题。对于伪命题及不可证明命题我们不打算作进一步的研究，下面着重论述一个为真的数学命题证明的思维方法——数学证明中的联想。

4.1　什么是联想

所谓数学中的联想就是由某种数学概念、理论或方法在人们头脑中引起相关的概念、理论或方法的思维形式。命题中已有的数学模式我们称之为联想因子。由此而产生的数学模式称为联想效应因子，简称效应因子。所谓联想就是由联想因子产生效应因子的思维模式。联想因子是客观存在着的真理模式，而效应因子可能是已有的数学模式，也可能是待证真伪的数学命题。因数学研究的对象是客观世界的量性规律性，而客观世界又是相互联系的，所以数学中的概念、理论和思想方法都存在着直接或间接联系，这种联系决定了数学中的联想的一个重要特点是发散性，即由联想因子可引起多种效应因子。

例 4.1　判别级数 $\sum_{n=1}^{\infty} 2^n \sin \frac{\pi}{3^n}$ 的收敛性。

本题的联想因子就是判定数项级数收敛性问题，由此我们能想到箭头方向所指的效应因子，如图 4.1 所示。

数项级数收敛性

- (1) 对于$\sum_{n=1}^{\infty} u_n$,若$\lim_{n\to\infty} u_n\neq 0$,则该级数发散.
- (2)（辨别出所给级数是正项级数,由此确定出相应的效应因子）正项级数
  - $\sum_{n=1}^{\infty} u_n$收敛判定法
    - ① $\sum_{n=1}^{\infty} u_n$收敛⇔部分和列$\{s_n\}$有界
    - ② 比较审敛法
    - ③ 比值判别法
    - ④ 根值判别法

图 4.1

可见,由某个联想因子可引出许多效应因子,并且还发现效应因子以层次化方式出现,层次性是联想的另一个特点。这是因为联想的物质载体是已有的数学模式,而现代数学模式都是多层次数学抽象的产物。广义地说,数学抽象可分为弱抽象、强抽象与广义抽象。数学模式就是对已有概念、理论或方法通过弱抽象、强抽象及广义抽象构成的多层次“抽象链”所获得的具有丰富数学内涵的可能结构。比如,布尔巴基学派所称谓的三大“母结构”——代数结构、拓扑结构与序结构就是由已经过多级抽象而获得的数学模式:自然数理论、实数理论等为原型进行弱抽象的结构,人们又由这些母结构通过强抽象与广义抽象去构造出形形色色的“子结构”,从而展示在我们面前的是一幅五彩缤纷的数学画卷。所以数学模式的层次性决定了数学证明就是由已有联想因子经过多层次的联想选择出恰当的效应因子的过程。

联想的第三个特点是逻辑收敛性。由联想因子得到各种效应因子以及由效应因子到完成数学证明无一不是逻辑思维的产物,这是由数学对象的产生过程决定的,对此徐利治教授做过这样的

精辟论述[1]:“在严格的数学研究中,无论所涉及的对象是否具有明显的直观意义,我们都只能依据相应的定义去进行(演绎)推理,而不能求助于直观。从而在这样的意义上,数学的抽象就是一种构造性的活动:数学的研究对象正是通过这种活动逻辑地进行‘构造’的。”

例4.2　设$\{y_m\}_{m\in I^+}$为拓扑空间X的连通子集族,若$\bigcap\limits_{m\in I^+} Y_m \neq \varnothing$,则$\bigcap\limits_{m\in I^+} Y_m$为$X$的连通子集。(分析过程略,有兴趣的读者请与作者联系)

4.2　利用联想进行数学证明的指导思想及思维机制

文献[2]作者曾引用过 Vonl Gasefied 的一个形象比喻——钥匙原理,即“为了‘通得过’一扇门,钥匙必须与门上的锁相配,能与这把锁相配的钥匙很多,只要能打开锁。我们不会认为这些钥匙之间有什么不同,我们丝毫没有必要去寻找一把匹配得分毫不差甚至是唯一的最好钥匙”。联想的发散性及其层次性表明,数学证明的途径不一定是唯一的。根据钥匙原理,只要我们能由联想效应因子将所给定的数学命题逻辑地证出即可,不一定非要选择最佳途径。这就是我们在数学证明中的联想指导思想。

现代认知心理学的核心内容之一是构造主义,其观点是涉及某个问题按什么方式提出、按什么方向发展、又是按什么方法(方式)思考等思维论中的启发式问题,对这些问题的解决诱发了数学思维的诱导理论。该理论告诉我们,数学思维的启发和诱导是一个渐近的、符合一定法则的思维过程,这些法则主要是:相似性原则即由问题相似引起解决问题的思维模式相似;统摄性原则即有意识地思考数学对象的对立面、渗透及转化,再结合考虑其间的内在结构(包括关系映射、数形结合等)的思维准则;秩序化原则即数学思维的诱发是多层次、彼此相互制约、相互影响的一种构建动态有序思维活动。

数学证明中的联想机制正是这些法则的具体应用，即证明中的联想是由联想因子通过相似性原则、统摄性原则的指导诱发效应因子，随后由秩序化原则完成数学命题的证明。具体地说，在数学命题的证明过程中，人们通常是先审题，由命题的已知条件和结论找出联想因子，看着要证明的目标（即命题结论）分以下两步走：

（1）利用一般数学思想方法比如类比、归纳、等价抽象、一般化与特殊化、反证等作指导，由已知联想因子诱发出效应因子。

（2）考虑诱发的效应因子能利用什么具体数学方法比如极限法、泛函法、拓扑法等与已有的数学知识结合起来，进而完成数学证明，这一步是知识的选择与数学方法的巧妙结合，是解决问题的关键。这样的结合是与主体已有的解题经验密不可分的，解题经验丰富的人具有很强的直觉力，能较快地找到效应因子与已有知识的联系。

根据数学证明中的联想机制，我们将联想分为类比联想、归纳联想、一般化与特殊化联想、逆向分析联想、否定之否定联想、整体化联想等。数学证明中只用到一种联想的思维称为简单联想。因数学研究对象的高度抽象性，数学证明中的各种联想往往是重复使用或同时并用，称这种联想为复杂联想。

例 4.3 设级数 $\sum\limits_{n=1}^{\infty}(-1)^n a_n 2^n$ 收敛，证明数项级数 $\sum\limits_{n-1}^{\infty} a_n$ 绝对收敛。

分析：联想因子是级数收敛、绝对收敛，本题目标为证明数项级数 $\sum\limits_{n=1}^{\infty} a_n$ 绝对收敛。由联想因子 $\sum\limits_{n=1}^{\infty}(-1)^n a_n 2^n$ 收敛，我们引出如下效应因子：

（1）该级数前 n 项部分和数列 $\{s_n\}$ 收敛。

（2）$\lim\limits_{n\to\infty}(-1)^n a_n 2^n = 0$。

(3) 级数 $\sum_{n=1}^{\infty} a_n(-2)^n$ 收敛 ⇒ 幂级数 $\sum_{n=1}^{\infty} a_n x^n$ 在 $x=-2$ 处收敛 ⇒ 幂级数的收敛半径 ⇒ 幂级数收敛判别法。

由证级数 $\sum_{n=1}^{\infty} a_n$ 绝对收敛我们联想：

(4) 判定 $a_n \geqslant 0 (n=1,2,\cdots)$，并证 $\sum_{n=1}^{\infty} a_n$ 收敛。

(5) 构造一个收敛的正项级数 $\sum_{n=1}^{\infty} u_n$，使得：$|a_n| \leqslant k u_n, n = N, N+1, \cdots, k>0$，利用比较判别法证明 $\sum_{n=1}^{\infty} a_n$ 绝对收敛。

(6) 考虑幂级数的 Abel 定理，该定理中就包含绝对收敛的结论。

因本题的效应因子较多，所以我们要结合所证目标与有效效应因子挂起钩来(进一步联想)。根据相似性及统摄性原则，我们必然有意识地将所证命题与已做过的类似问题作比较，试着考虑能用类比法或转化为类似问题完成证明。众所周知，证明绝对收敛的常用方法是比较法(5)。为此需要我们从效应因子(1) ～ (3) 中找出 a_n 所在的不等式。显然由效应因子(1) 无法直接求出 s_n，因此找不到 a_n 所在不等式，但由效应因子(2) 再结合极限的有界性质知，$\exists M>0$，当自然数 $n \geqslant N$ 时，必有 $|(-1)^n a_n 2^n| = |a_n| 2^n \leqslant M$，即 $|a_n| \leqslant \frac{M}{2^n}$，因级数 $\sum_{n=1}^{\infty} \frac{1}{2^n}$ 收敛，所以由比较法知，级数 $\sum_{n=1}^{\infty} a_n$ 绝对收敛。

另外，我们还可考虑由秩序化原则诱导的多层次效应因子(3) 与(6) 可能是借助于幂级数性质来判定数项级数绝对收敛的一条具体途径。因 $\sum_{n=1}^{\infty} a_n$ 是幂级数 $\sum_{n=1}^{\infty} a_n x^n$ 当 $x=1$ 时的特例，若能知道数 1 是 $\sum_{n=1}^{\infty}a_nx^n$ 收敛域内的一点,则由 Abel 定理知,级数 $\sum_{n=1}^{\infty}a_nx^n$ 在 $x=1$ 处绝对收敛,即 $\sum_{n=1}^{\infty}a_n$ 绝对收敛。因级数 $\sum_{n=1}^{\infty}(-1)^na_n2^n$ 可视为幂级数 $\sum_{n=1}^{\infty}a_nx^n$ 在 $x=-2$ 处的特例,且已知在 $x=-2$ 处收敛,所以该幂级数收敛半径 $R\geqslant 2$,显见 1 是幂级数 $\sum_{n=1}^{\infty}a_nx^n$ 收敛域中一点,故知 $\sum_{n=1}^{\infty}a_n$ 绝对收敛。由此我们得到了该问题的两种证明法,它们都是复杂联想的结果。

根据前面的分析,为培养学生数学证明联想的能力,提出如下几点教学建议:

(1) 加强知识的整体化教学

具体做法是:教师先将某单元知识从整体关系上作简单介绍,让学生了解先学什么,后学什么,前后知识点的大体关系;然后教师以该单元重点概念、定理、公式为主线展开局部的具体教学工作,讲授模式贯彻“以问题解决教学为中心”的原则,即采用问题是怎样提出的,又是怎样通过方法论意义上的启发将问题解决的;最后教师引导学生再将该单元知识作整体归纳,找出其内在的层次结构及知识点间的纵横联系,这是进行联想的必要条件。

(2) 加强数学思想方法教学

一提到数学教学,几乎无人不谈这个问题,至于为什么及怎样加强数学思想方法教学,众说纷纭。在已有的数学思想方法相关理论及上述所述联想特点前提下,我们认为加强数学思想方法教学是进行数学联想的翅膀,是诱发效应因子的催化剂;思想方法教学理应与数学知识并重,这是因为二者相互依存,相互渗透;教学模式建议多采用一题多解或用同一数学思想方法揭示不同数学知识点间的纵横联系,最终使所学的数学知识形成以数学思想方法为线索的网络知识结构。

注：

[1] 徐利治，郑毓信. 数学抽象方法与抽象度分析法[M]. 南京：江苏教育出版社，1990.

[2] 王池富. 浅谈数学思维的诱导[J]. 数学教育学报，1995，4(1)：52-56.

[3] 史久一，朱悟柑. 化归与归纳・类比・联想[M]. 南京：江苏教育出版社，1989.

[4] 蔡攻. 我所理解的数学建构教学观[J]. 数学教育学报，1995，4(2)：14-18.

[5] 熊金城. 点集拓扑讲义[M]. 北京：人民教育出版社，1983.

第5章　数学直觉的作用

作为一位数学从业者或者数学研究者，一定的数学直觉是必要的，数学直觉是人们创新的动力。法国数学家阿达玛的专著《数学领域中的发明心理学》（陈植荫，肖奚安译，江苏教育出版社，1988，下文简称《心理学》）和中国著名数学家、教育家徐利治先生的专著《漫谈数学的学习和研究方法》（大连理工大学出版社，1989，下文简称《方法》）都大篇幅论述了数学发明创造的心智活动过程。庞加莱、阿达玛和徐利治先生都提出了数学直觉的产生过程和思维机制，指出了数学家数学发明的不同心理活动过程，提出了数学家的数学直觉的不解之谜以及数学家对这些现象的不同认识等一系列问题。不同数学家对数学直觉的产生途径、数学直觉与数学发明的关系有哪些各自认识，数学直觉有哪些类型，如何培养等问题进行了深入的探讨和研究。

5.1　数学家关于数学直觉的认识

5.1.1　数学直觉有关概念及关系

什么是数学直觉？作为一种思维运动形式，徐利治在《方法》（64页）中指出："数学直觉是人脑对于数学对象事物（结构及其关系）的某种直接的领悟或洞察；通常把它归属于心理学家所谓的发散思维范畴。"徐利治先生进一步指出："数学直觉往往产生于经验、观察、归纳、类比和联想，有时以心理学上的'顿悟'形式出现，是认识过程的一种飞跃形式。"法国数学家阿达玛认为：直觉是由无意识产生的。那么什么是无意识？阿达玛在《心理学》中并没有给出明确的定义。据研究，无论从心理学还是思维论方面，目前还没有得到明确的解释，但阿达玛对无意识作了如下简单描述(《心理学》20页)："在发明家的突然醒悟之前，还存在着连发明家自己也不知晓的某种心理过程，用一个专门名词来说，这就是无意识过程。"阿达玛在《心理学》中举出了许多例子来说明无意识确实是存在的。那么无意识到底是什么东西呢？对于人们来说，理解起来有些困难，但作为"无意识"的对立概念就是"有意识"，是否从"有意识"与"无意识"的关系方面留些影像呢？阿达玛在《心理学》(22页)中举了一个例子："要识别一个人的面孔，实际上需要知道这个面孔的上百个特征，但却没有一个特征是可以精确地描述出来的(当然对具有天赋和受过专门训练的画家除外)，然而你的朋友面孔的所有这些大大小小的特征都储存在你的记忆中，存在于你的无意识的心理状态中。所有这些记忆，在你见到朋友的刹那间，就会在你脑海中涌现出来。所以从这个普通的例子中即可发现无意识确实具有一种可称为多重性的重要性质，也就是好几个事物，甚至相当多个事物同时出现在你脑海中。这与有意识不同，因为处在有意识状态中的观念是唯一的。"从以上描述还发现，无意识具有"多重性"特点，该特点的作用是有利于综合工作的，也就是说，该例子表明了一个事实(《心理学》22页)："无意识状态下的那个相貌上的许许多多细节，便可在有意识状态下综合成唯一的一个观念，即是否认识此人。"按照阿达玛的观点，如果没有无意识，人类什么事情都做不成。因此，可否认为，无意识就是一些记忆结果的储存？但记忆是归属于无意识范畴的，这也是阿达玛与庞加莱的观点。接下来的一个问题是：无意识是怎么产生直觉的或者成为顿悟或灵感的？从上面人脸识别的例子来看，无意识具有多功能性：它不仅要去构造无穷无尽的思想组合，而且还要把它们相互比较。这种多功能性是产生数学直觉的主因，对此著名数学大师庞加莱说(《心理学》27页)："发明创造就是排除那些无用的组合，保留那些有用的组合，而有用的组合又仅仅是极少数的。因此发明就是辨别，就是选择。"这里先按照阿达玛在《心理学》中给出的心理学家克拉帕雷德所描述的"发明"指的是什么。他说：有两种不同类型的发明，其一是目标已经确定，问题只是寻找一种方法去实现它，于是人们的心理过程必然是由目标到方法，或说从问题到答案；其二是已经发现了一个事实，然后再去研究它有什么用途，因而这种心理过程将是从方法到目标，并且答案是比问题先给出的。对于发明的含义，保罗·瓦莱里指出(《心理学》27页)："任何发明的过程都包括两个方面：其一是进行思想的组合，其二是选择和识别那些我们所期待的组合，那些能够给我们传递重要信息的组合，往往是天才人物在第一步只需要花费很少时间就能获得的，从而为第二步做好准备，而在第二步中又能够准确地掂量在种种组合中作出完美的选择。"由此可见，数学直觉就是无意识的多功能性的结果。对此，庞加莱作了一个形象的比喻(《心理学》38页)："设想那些形成思想组合的基本的思想元素有点像 Epicurus 的带钩状的原子，在思维完全静止时，这些带钩状的原子是不动的，它们像是挂在墙上以完全静止的状态可以无限期地延续下去，原子间也就不会碰撞或相遇，因而更谈不上产生什么组合。但我们在进行研究工作时，就必须把一些思想动员起来，当然不会是全部思想，而是可能有用的思想。如果未达到预期结果，也就是虽已用千百种不同方式把这些观念原子相互组合，却仍然未获得令人满意的结果，此时我们认为自己干得不好，然而经过这样的努力之后，这些观念原子却已被激发并运动起来了，它们再也不会回到原先的位置上去，而是连续不断地向四面八方自由飞舞。这些被动员起来的观念原子互相组合，或者飞向那些尚未动员起来的观念原子，并与之结合把它们动员起来。在这些新的结合中，在这些有意识努力的间接结果中，可能蕴含着自发的灵感。"从以上描述看到了无意识是如何产生直觉形象过程的。但这里存在一些疑惑：如何做到"完美选择"？怎么知道哪些思想是可能有用的思想？这些问题留在下面去考虑。以上描述表明，酝酿是产生数学直觉的先行阶段，对此阿达玛指出(《心理学》29 页)："在酝酿阶段，没有什么自觉的智力活动，但也不是什么也没有发生，实际上，事情只是发生在我们的无意识中罢了。"既然无意识产生数学直觉，下面的问题是：如何产生无意识？对该问题的回答，阿达玛在《心理学》(37 页)中作了一番阐述，他说："无意识劳动是前一个时期所作艰苦努力的结果。如果不是经过好几天的有意识的艰苦努力，尽管这些努力没有产生结果，完全是一种盲目的摸索，那么突然的灵感是不会产生的。""正是通过这种努力才使得无意识机器得以开动起来，亦即如果没有这些艰苦努力，无意识机器是不会开动起来的，从而什么灵感也不会出现。"因此，没有有意识的努力，就不会有任何发明，那么，如何进行有意识的努力？对此心理学家梭里奥说(《心理学》40 页)："为了发明，你必须开阔思路。"伯纳德也对此指出："思想过于古板的人，乃是不适宜于从事发明工作的。"这也就是说，思路不开阔是不会有发明工作的。阿达玛的观点与梭里奥和伯纳德是完全一致的，他说(《心理学》40 页)："不管在数学中还是在实验科学中，如果不能充分地开阔自己的思路，就将一事无成，尽管他的能力而言，本来是应该有所创造的。"由此，无意识是可以训练的。徐利治先生曾经断言的(《方法》64 页)"数学直觉产生于经验、归纳、类比和联想"是开阔思路的重要手段。"经验"来源于有意识的辛勤劳动和知识积累，见多识广；通过数学"观察"发现数学概念、性质、定理等知识间的关联；"归纳"可由特殊的例子，特殊的性质得到一般理论，即去伪存真；"类比"可由一类事物的特性得到另一类事物的特性。而直觉与联想是互为因果的，对这一点，徐利治先生在《方法》(55 页)中指出："对于一个学习或研究数学的人来说，为了开发智力必须同时注意培养直觉与联想两种能力。怎么培养？我想，首先要注意培养较广泛的兴趣，要博览群书，好学深思，要提倡多想问题，甚至不限于思考数学领域内部问题。”

5.1.2 审美的作用

按照庞加莱和阿达玛的观点,数学创造就是辨别,就是选择。选择什么?就是选择所期待的思想组合。选择的标准是什么?庞加莱认为(《心理学》28 页):“美感对于发明来说,乃是必不可少的,没有美感就不会有发明。”他进一步强调(《心理学》28 页):“无意识不仅要担当起构造各种各样的思想组合的复杂任务,而且还要根据我们的审美原则去作最细微和最本质的选择。”尽管许多数学家、心理学家对庞加莱的观点提出批评并加以攻击,比如,沃拉斯就说(《心理学》32 页):“庞加莱的‘没有高度的审美本能就不会有伟大的发现’的说法也许是对的,但‘如果认为这种审美本能是数学家进行思维的唯一动力的话’,乃是极不妥当的。”然而多数数学家是赞同庞加莱的观点的。要有审美能力,首先要知道什么是美。其实,世界上的美有无数,概括起来其实就两种:一种是“和谐美”,另一种是“奇异美”。因为自然界是美的,它的存在就是以和谐和奇异形式存在的。对于数学来说,徐利治先生对这两种美作了进一步分类和分析,他指出(《方法》66～68 页):“和谐美表现为统一性、简单性、对称性、不变性(守恒性)、恰当性,等等。所谓统一性,就是部分与部分、部分与整体之间的协调一致。”“在繁杂之中概括出一种简洁明了的规律,则给人一种美的感觉。”“奇异是一种美,奇异到极度更是一种美。”无理数的发现、非欧几何的诞生、虚数的引入等实例无不说明数学家追求数学美的结果。

5.2 数学直觉的培养

庞加莱和阿达玛都认为,有许多人是学不懂数学的。在《心理学》(80 页)中阿达玛是这样表述的:“大家都知道,有许多人无法胜任数学工作,甚至无法学懂数学。这个问题也被庞加莱深入地研究过。他认为主要的问题在于不能‘真正地理解’。”怎么才算是“真正地理解”？庞加莱对“理解”作了以下两种情况的分析，他说：“对于定理证明过程的理解，是不是仅一步一步地考察证明过程的每一推理步骤，判断一下它们是否正确和符合规则就够了呢？对于某些人来说，事实就是如此，当他做完此事以后，便以为自己已经理解了。”“但对绝大多数人来说，事情并非如此简单，他们还有许多更为苛刻的要求。他们不仅要知道每个证明步骤是否正确，而且还想进一步知道，这些步骤为什么必须这样联结，而不是那样联结。在他们看来，如果对这些证明步骤的安排，依然看不出什么目的性的话，则就无法相信自己已‘理解’了。”阿达玛在《心理学》(81页)中对庞加莱的“理解”作出了令人信服的评价，他说：“至于庞加莱所指的第一态度，乃是有些学生从不关心任何综合，只是盲目地做些习题。这些学生的成绩也可能赶上其他同学，甚至还相当说得过去；但若长此以往，他的前景实际将比上述那种学生更糟，因为前面那种学生至少还知道此处存在着问题和困难。”对于不能“理解”数学的人，其实就是学不懂数学的人，这样的人能否通过后天的培养成为能“理解”数学的人呢？可能部分人能行，但大批人可能不行，这是否与他们天生的资质有关呢？还不能妄加评论，但加尔的“骨相说”似乎符合这样的观点。按照加尔的古怪数学“骨相说”原则(《心理学》6页)：“人的才能不仅与大脑的某些部位有联系，而且与脑壳的某些部位也有联系。”按照此原则，“人的数学能力是由头盖骨上的一个隆起部分，即一个局部的骨相决定的”。但这里所谓的“骨相说”得到了近代一些神经病学专家的一致批评，并认为是一个很荒唐的假说。虽说“骨相说”似乎不靠谱，但一些数学大师的数学创造难以理解，似乎不是光靠勤奋得来的。在《心理学》中的第八部分，阿达玛列出了直觉思维中的数个不解之谜。比如，黎曼研究了一个以复数 s 为自变量的函数，他证明了这个函数的某些性质，又指出了另一些未加证明的重要性质;但至今尚不知晓他所说的这个表达式是什么样子。还有著名的“黎曼猜想”,也就是希尔伯特 23 个问题中的第八问题。阿达玛说[《心理学》(第 90 页)]:“半个世纪以来,人们对此花费了巨大的劳动,虽然在这个方向上也获得了某些极有趣的发现,但却仍然未能肯定或否定这个黎曼猜想。”可见,黎曼具有非凡的超强直觉能力。对于伽罗瓦的数学才能更是让我们惊叹(《心理学》91 页):“当他知道勒让德的几何之后,他的热情即可被数学迷住了。”“但他在 20 岁时就夭折的原因,却不是为了革命,而是出于一场荒谬的决斗。”在决斗的前夜,他匆忙地整理了自己的发现,先是扼要地写出了他的那些手稿,这些手稿曾被科学院认为是“不可理解”而被拒绝接受。接着在写给他朋友的一封信中,仓促地写下了另外一些漂亮的论点,同时又在信纸的空白处重复地写上“我没有时间。”“直到他死后 15 年,科学家们才开始注意他那篇曾被科学院拒绝接受的文章,开始认识到伽罗瓦在文章中遇见了向更高级代数学的全面转变,他在最伟大的数学家不太注意的领域中放射出最耀眼的光芒,并把代数问题和数学上其他完全不同的分支联系起来了。”还有像费尔马、庞加莱、卡当等数学大师都是具有非凡数学直觉能力的天才。尽管一些数学大师的数学创造令人不可思议,但庞加莱、徐利治先生都认为,数学直觉是可以通过后天的勤奋学习获得的。庞加莱认为,数学直觉是可以训练的;徐利治先生说,数学直觉是可以培养的。那么如何培养数学直觉能力呢?

5.2.1　培养学生学习数学的兴趣

兴趣是最伟大的老师。如果对数学毫无兴趣甚至讨厌数学的话,那必定不会学好数学。因此,在教学过程中,教师只有让学生真正理解数学并采取某些教学手段才能使得他们有兴趣地学习。比方说(《方法》70 页),“通过举例分析教会学生鉴赏数学,懂得数学美表现在哪些地方,如何从数学美的观点分析评比各类数学定理和它们的证明方法。”这就要求数学教师首先学习和研究数学，发现与数学美有关的知识。另外，结合数学知识的学习，教师从数学角度或者具体应用学科角度，简单地向学生传授数学的应用价值，比方说，数学在物理上的应用，有这样一个例子：在讲授变换群时，变换群是如何提出来的（从具体例子抽象出来），又是如何应用到物理学中若干电子异常现象的精确描述的，由此让学生了解到数学是否有用。

5.2.2　培养学生数学地思考，让他们“真正理解”数学

徐利治和徐沥泉在文献[1]中指出：“学习数学的困难并不是它本身的抽象形式，而是离开了抽象它的背景，离开了用似真推理来发现它的过程，离开了在受到挫折以后对反馈信息的分析，离开了生动活泼的创造发明的活动机制。”其实著名数学家对此也有至理名言（《方法》71 页）：“了解一种理论的最好方法是找出研究那种理论的原型的具体例子。”这也就是徐利治先生提出的“返璞归真”思想，弄清数学概念、性质、定理的来龙去脉，让学生“真正理解”（阿达玛语），让学生“真懂”（徐利治语）。下面简单介绍徐利治先生所指的“真懂”是什么意思，研究发现其意思完全与庞加莱在前面论述的“理解”含义一致。徐先生说[1]：“懂的含义是有不同层次的，比如一道难题，老师一步步把它解出来了，每步都看明白了，这就觉得懂了，其实这样的懂只是一种‘浅懂’或‘表面懂’，未必是真正彻底懂了，这叫‘见树不见林’。学习数学也是这样，‘真正的懂’就是要有整体性的理解，就是弄明白整个思路的来龙去脉，还要彻底理解它所以如此的道理。”其实，这里的“浅懂”就是前面谈到的庞加莱的“第一种情况”，这里的“真懂”就是庞加莱所指的“第二情况”。多数高校学习数学的方法就停留在“浅懂”层次上，从定义、性质再到定理或公式，最后就是做大量的练习题，这样的教学手段确实培养了一大批解题高手，能应付各类考试，还能拿到巨额奖学金，可以保送攻读研究生。但这样的培养模式培养的部分学

生正如阿达玛所说的其未来前景实际上会更糟糕，一般不会有创新意识，这不符合教育目标。为解决这一问题，数学教师首先要深入学习和研究数学教育理论，包括数学创造的原则，比如归纳法、类比法等，然后教师要从整体上把握教材内容，结合教育理论循序渐进地引导学生学习与思考，让学生感到所学数学知识就好像他们自己发现的一样，完全符合他们现有知识的认识能力，这样的话，学生才能真正学懂数学，并且终身不忘。另外，教师要引导学生选择自己感兴趣的研究课题，告诉学生如何选题。但事实上正好相反，现在高校中存在一种普遍现象：大学本科毕业生毕业前的毕业论文题目是由教师提出来，然后再让学生去选择，而不是让学生提出来，由老师指导去完成或者去修正。这种现象在国外也是普遍存在的，比如阿达玛就有这样的体会："学生们常常向我要研究题目，希望得到指导。我也常常给以指导；然而平心而论，我认为这样的学生充其量是二流的。"是这样的，一个大学生学习数学三四年，竟连个毕业论文题目都选不出来，能说是一流的学生吗？另一方面看，这种糟糕的情况不仅是学生的原因，可以说多数原因是教师导致的。有些教师没有让学生选题的意识，总认为选题本来是教师的事。之所以有这样的心态不无与学校、学院、数学系某些决策领导者有关。学院领导要是不重视数学学习、数学研究的话，一般来说，这个学院的科研与教学水平也好不到哪里去，这正是所谓的"将熊熊一窝"的道理。

5.2.3 "三高"作为大学生的后续必修课

徐利治先生在《方法》(72 页)中指出："我们赞成这样的观点：大学数学课程的各门教材应弄得少一些、活一些。教材应该反映时代的进步面貌，所以'力求新颖'是必要的。此外，'少而精'原则也是大家一贯提倡的。"怎么解读徐先生的"少而精"？研究者认为，大学生首先学好旧"三高"，即"高等代数""数学分析"和"空间解析几何"，这是大学一、二年级学生的必修重要课程，它们是以后学习其他数学知识的基础。没有这 3 门课作为基础，后续数学课程的学习将是寸步难行。在掌握这“三高”基础上，为了提升学生抽象思维能力，培养其创新发现能力，建议在大学三或四年级将大学数学中的新“三高”，即“抽象代数”“点集拓扑”和“泛函分析”作为必修课程，而不是选修课程，更不是不学。让学生知道，已经学过的旧“三高”知识是如何应用到更抽象的数学知识中去的，是在什么平台上应用这些知识的。新“三高”中的许多重要结果都是旧“三高”知识的推广、类比、归纳或联想得到的，教师要是把这样的问题给学生讲清楚，学生不仅很有兴趣学习数学，而且还学到了更高级的数学知识，教学的部分目的就算达到了。

5.2.4　开设“数学文化”课程

目前，某些高校在大学生选修课中开设了“数学文化”课程。以南开大学为例，在全国教学名师顾沛教授的领导下，南开大学课题组编写了《数学文化》教材，于 2008 年由高等教育出版社出版。教学实验表明，该教材很受学生欢迎。之所以取得这样的教学效果，是因为他们确定的课程选材原则是[2]：“第一，以数学史、数学问题、数学知识为载体介绍数学思想、数学方法、数学精神。第二，涉及的数学知识深浅适当，以能讲清数学思想为准，使各专业的学生都能听懂，都有收获。第三，开阔眼界，纵横兼顾，对于数学的历史、现状和未来，都要有所介绍，对于数学与人文的各种关系，都要有所涉及。”总之，他们的选材贯彻了素质教育的思想，注意科学精神与人文精神的交叉与融合，既要着眼于提高学生的数学素质，又要着眼于提高学生的文化素质和思想素质。可见，从人文教育角度看，这样的课程不仅能增加学生学习数学的兴趣，而且能培养他们数学直觉能力、数学创新能力。通过数学史的学习，学生了解到数学知识的来龙去脉和数学家是怎样通过艰辛的劳动获得数学成果的，培养自己吃苦耐劳、坚韧不拔的创新精神。

5.3 数学创新的类型

5.3.1 数学家的观点

阿达玛在《心理学》(87页)中论述了数学家之间的思维区别。首先,他指出数学家的思维职能:“数学家们不仅能够理解数学,而且还能研究新的数学问题,创造新的数学知识。”然后阿达玛进一步指出:“数学家不仅和普通学生不一样,而且数学家和数学家之间也存在很大的区别。其中的一个主要区别是有些数学家是直觉型的,另一些是逻辑型的。”对此,庞加莱也曾经做过研究,他说(《心理学》81页):“一种类型主要是充斥着逻辑。读着他们的著作,我们会被他们一步一步引导着,在信任他们的道路上稳步前进。他们的作风就像战士们一道又一道挖战壕一样,亦即不依赖任何机遇地步步逼近被围攻的敌营。另一种类型则是凭借于直觉了。他们能够一下子提出一个敏锐的但有时是冒险的问题,就像一个勇敢而迅猛前进中的骑兵。”德国数学家维尔斯特拉斯是典型的逻辑主义者,他的声誉和影响在德国同行中是巨大的;而德国数学家黎曼毫无疑问就是最典型的直觉类型的人,这是公认的事实。逻辑型或直觉型数学家是后天的学习造成的还是天生的?这两种类型的数学家真的有那么严格的区分吗?庞加莱回答了第一个问题,他说(《心理学》83页):“一个数学家之所以成为逻辑主义者或直觉主义者的决定因素,乃是他们最深刻的心理本质,而不是他们所研究的问题。即使他们接触到并开始研究新的不同类型的问题,他们仍然不会把这种心理本质丢弃一边。”严格来说,不存在什么纯逻辑发现或纯直觉发现的数学家,只是他们的思维侧重点不同,其实都是无意识思维的结果。正是这种无意识产生直觉,才使得思想得以进行各种组合。随着现代科学技术的迅猛发展,数学分支越来越多,就此,徐利治先生曾经说过:现在不存在数学家了,只有数学专家。只不过有的人倾向于逻辑思维发现的问题较多,有的人则是直觉猜测发现更多的数学问题而已。对于一般的数学工作者来说，在了解到以上事实后，必然反思相应的数学研究属于哪种类型。

5.3.2 例子

基于以上分析，下面简单地谈谈数学研究思维过程。数学物理学科中有门专业称为可积系统理论。德国数学 Fuchssteiner 在研究 Virasoro 代数时，提出了可积耦合的概念[3]，即假设 $u_t=K(u)$是某空间上的一类可积系统（读者不必知道什么是可积系统），假定存在显含变量 u,v 及其关于自变量 x 的不同阶导函数的函数 $S=S(u,v)$使得下列方程系统 $\begin{cases}u_t=K(u)\\v_t=S(u,v)\end{cases}$ 是可积的话，则称此系统是可积系统 $u_t=K(u)$的可积耦合。

美籍华人马文秀教授[4]利用扰动方法得到了在物理学中具有广泛应用的 KdV 方程的可积耦合系统。KdV 方程是一个可积方程，必然会考虑：能否得到两个以上的可积方程系统的可积耦合？想到这一点，一点也不奇怪，因为在数学物理课题中，遇到的单个方程和由两个以上方程构成的方程系统比比皆是。这是有意识到无意识或意识边缘的思维过程。问题是如何实现呢？Fuchssteiner 和马文秀教授的工作本质上就是通过一定的数学方法生成可积耦合。这种无意识必然使研究者想到了生成可积方程族的屠格式[5]。在文献[5]中，屠规彰先生用有限维 Lie 代数方法构造了不同的等谱 Lax 对，再由群结构方程给出了生成可积方程族的优美方法。观察发现：可积耦合就是在原来方程 $u_t=K(u)$的基础上得到像方程 $\begin{cases}u_t=K(u)\\v_t=S(u,v)\end{cases}$ 这样的含有“多余项”或者“多余方程”的耦合方程系统。既然是有“多余”，那么是否在原来方程 $u_t=K(u)$的 Lax 对基础上再加上适当的项，利用群结构方程就能生成方程族的可积耦合？经过试算，结果真的就成功了。从这一发现过程来看，由特殊到一般的联想，加上有意识俘获的无意识——屠格式，再经过有意识的艰苦劳动得到了新结果，该结果最早发表在 *Journal of Mathematics Physics*[6] 和《物理学报》[7] 上。后来马文秀教授进一步精化了这一算法，得到了许多优美的可积耦合结果。根据审美原则，得到的结果还不够优美，因为屠规彰先生得到的方程族都拥有 Hamilton 结构，所以研究者也想考虑方程族的可积耦合是否也有 Hamilton 结构。基于这样的出发点，必然想起前面提到的希尔伯特的名言："了解一种理论的最好方法是找出然后研究那种理论的原型的具体例子。"这也包含徐利治先生的"返璞归真"思想。于是反过头来，考虑屠规彰是如何得到一个方程族的 Hamilton 结构的（这是有意识思维过程），结果发现：屠先生是引进了两个矩阵的 Killing-Cardon 迹作为线性泛函，再利用变分法得到寻求方程族的 Hamilton 结构的著名迹恒等式（这是中国学者在可积系统理论中的独特成就之一）。由于可积耦合也是方程族，根据类比联想法，是否能得到类似于迹恒等式的、用来寻求可积耦合的"迹"恒等式？那么从哪里下手呢？经过仔细地再观察发现：屠规彰先生获得迹恒等式的首要一步就是引进了一个线性的迹泛函，即 Killing-Cardon 型，而这泛函的本质就是一类特殊的二次型，也就是二次型表达式中的方阵 A 取为单位矩阵的情形。根据这一观察，就考虑一般的二次型作为线性泛函，由此再由变分法就有望推得迹恒等式的推广形式。为此，首先，要建立一个推理舞台。根据 Lie 代数 A_1 与二维向量空间 R^2 间的同构关系，必然推广出：Lie 代数 A_{n-1} 与 n 维向量空间 R^n 是同构的。于是在由有限维列向量构成 Lie 代数空间 R^n 上，利用变分法和屠规彰先生推求迹恒等式的思想，就获得了迹恒等式的推广形式，称之为二次型恒等式[8]，并由此得到了著名 AKNS 方程族的可积耦合的 Hamilton 结构。后来，对二次型恒等式作了进一步的改进，称之为变分恒等式[9]。据此他们做了许多具有启发性的重要工作，将可积耦合理论向前推进了一大步。随着对可积耦合理论研究的不断深入，上海交通大学的朱佐农教授首次向文章第一作者提出：你们得到的可积耦合都是线性的，能否得到非线性的可积耦合？2009 年 10 月，第一作者访问美国的马文秀教授时，他也提到如何解决非线性可积耦合问题。经过共同努力，通过对 Lie 代数的性质由半单修改为单的形式，这一问题就得到了解决，马教授创作了一篇离散的非线性可积耦合及有关性质的论文，而研究者作了连续的可积系统的非线性可积耦合[10-11]。

从以上简单分析发现，在探讨可积耦合有关理论过程中，无不渗透着有意识到无意识再到有意识的思维过程，其中的数学思想方法由特殊到一般、类比联想、数学观察等，思维过程总的来说是逻辑思维，根本就达不到直接猜出数学结果的直觉思维能力。只有像黎曼、庞加莱、高斯等大数学家才具有超凡的抽象直觉能力，他们在思维过程中避免使用语言（逻辑语言），甚至还避免使用代数符号或者任何其他固定符号，他们总是运用模糊的意向思维。但也有的著名数学家习惯借助代数符号进行思考。比如，著名美籍匈牙利数学家波利亚是完全用语言进行思维的，他在写给阿达玛的信件中说（《心理学》66 页）："我相信，对于一个问题的关键性思想总联系着一个恰当的词或句子。这个词或句子一经出现，形势即可明朗。如同你所说的，它给出了问题的全貌。语言可能略略超前于关键性思想，也可能紧紧跟随于其后出现，也许可以大致地说，它们与关键性思想同时出现一个好的词或一个恰当的句子，可以帮助我回忆起那个关键性的思想。当然，这比起图像或符号来，可能不那么直接和客观。但在某种意义上，两者相差无几，它们都可以帮助我们把思想固定下来。"一个新的理论的出现往往得不到一些数学工作者的承认，甚至认为是没有意义的。在研究者发表一系列可积耦合结果后，就受到了一些人的非议。有人说：你在原来方程的基础上再“贴”上一个方程有什么意义？这是无聊的工作。也有的人说：数学是越做越简单，你怎么越做越复杂？这不符合数学发展规律。因此，可积耦合一直受到国内一些数学工作者的质疑。但研究者坚信这样的工作是有意义的，因为研究者找到了一个可积方程或方程族的“伴侣”一起构成一个大的可积系统的方法，该可积系统不仅能约化出新的非线性可积方程，而且是原来可积方程族的推广；能利用可积耦合思想把一些著名的可积方程族，用一个统一的可积模型表示出来，比如研究者已经将AKNS方程和KN方程族用一个数学模型表示出来；特别是还通过二次型恒等式得到了非常优美的Hamilton结构，这些结果符合数学美中的对称美、统一美。只要是美的，从数学观点来看就是有意义的，因为数学就是描述大自然的，而大自然就是美的。然而有些数学工作者，不懂数学美，进一步说，不懂数学方法论，因此在他们看来只要是找不到实际应用背景，所得到的数学结果就是没有意义。其实这种看法真的是错了，可积耦合后来还真的找到了物理和几何背景。杰出青年获得者、著名物理学家楼森岳教授在研究大气湍流过程中，就抽象出了一类数学模型，该模型正是一类可积耦合系统，他还求出了该可积耦合系统的一类对称。国家杰出青年基金获得者屈长征教授在几何问题研究过程中，就抽象出了一类数学方程，该方程正是一类可积耦合系统。至此，研究者已经知道了可积耦合系统的物理和几何模型。相信在未来的物理科学和数学科学的深入研究过程中，可积耦合模型会不断涌现，而可积耦合理论也会随之更加完善。

5.4 展望

前面回顾了不同数学家对数学直觉有关概念的论述，虽说叙述方式和角度不同，但最终是殊途同归。另外，对于数学直觉的产生、作用也作了阐述，并通过个人科研体会简述了数学思维过程。

对于数学直觉的研究除了阿达玛的《心理学》外，徐利治先生在《方法》中有两篇论文专门论述了数学直觉的意义及作用、数学直觉与联想对学习和研究数学的作用，深受启发，但领悟得还不够，需要继续研读。在今后的有关研究中，研究者将结合大学数学有关内容，探讨数学直觉在数学教学和数学创新方面的积极作用，目标是：不仅教会学生知识也要教方法、教思维。按照徐利治先生的观点，就是让学生既看到树木也要看到森林（教学方面）；按照著名数学家希尔伯特的观点，就是（《方法》71 页）“了解一种理论的最好方法是找出然后是研究那种理论的原型的具体例子”。

注：

[1] 徐利治，徐沥泉. MM 教育方式简介[J]. 自然杂志，2008，(30)：138-142.

[2] 顾沛. 为什么数学文化类课程能够“一呼而起，久盛不衰”——在第三届数学文化课程建设会议闭幕式上的小结[J]. 数学教育学报，2014，23(6)：17-19.

[3] FUCHSSTEINER B. Applications of analytic and geometric methods to nonlinear differential equations[M]. Dordrecht：Kluwer，1993.

[4] WENXIU MA. Integrable couplings of solution equations by perturbation[J]. Methods and applications of analysis，2000，(7)：21 56.

[5] GUIZHANG TU. The trace identity，a powerful tool for constructing the hamiltonian structure of integrable systems[J]. Journal of mathematics physics，1989，30(2)：330-338.

[6] YUFENG ZHANG，HONGQING ZHANG. A direct method for integrable couplings of TD hierarchy[J]. Journal of mathematics physics，2002，43(1)：466-472.

[7] 郭福奎,张玉峰. AKNS族的一类扩展可积模型[J]. 物理学报,2002(5):951-954.

[8] FUKUI GUO, YUFENG ZHANG. The quadratic-form identity for constructing the hamiltonian structure of integrable systems[J]. Journal of physics A: mathematical and general,2005(38):8537-8548.

[9] WENXIU MA, MIN CHEN. Hamiltonian and quasi-hamiltonian structures associated with semi-direct sums of lie algebras[J]. Journal of physics A general physics, 2006(39):10787-10801.

[10] YUFENG ZHANG,BINLU FENG. A few lie algebras and their applications for generating integrable hierarchies of evolution types[J]. Communications in nonlinear science and numerical simulation,2011(16):3045-3061.

[11] WENXIU MA, ZUONONG ZHU. Constructing nonlinear discrete integrable hamiltonian couplings[J]. Computers and mathematics with applications,2010(60):2601-2608.

第6章　数学直觉刍议

法国数学家阿达玛在文献[1]中发展了法国杰出数学大师庞加莱关于数学发明创造的学说。他们认为发明创造过程，往往存在着创造灵感，或叫作顿悟现象。这种现象的出现是“无意识思维”过程之后的结果。任何领域中的发明，皆是以思想组合的方式进行的，也即，发明就是将各种“观念原子”进行无数的组合，再从中选择最佳组合，而这种选择的标准就是“美的直觉”作出的。

整个发明过程分为四个阶段，一是准备阶段，此时是有意识工作；二是酝酿阶段，即暂时丢开手头工作，而去干其他事情，或去休息一下，而无意识思维却已由此开动起来；三是顿悟阶段，此时问题的答案或证明的途径出乎意料地突然出现了；四是整理阶段，即将顿悟时所感觉到那些结果严格地加以证明，并将其过程精确化，同时也为下一步研究做好准备。在文献[1]中后半部分从不同的角度谈到直觉思想对数学创造发明的重要作用。首先在交流阶段，其思维的载体是数学语言。但在创造阶段，数学家的思维载体却往往各种各样，有因人因事而异的符号、图表或其他形象。

徐利治，著名数学家，数学方法论专家，在《漫谈数学的学习和研究方法》[2]中，关于数学直觉与意义他给出明确的界定，数学直觉与意义作为一种思维运动形式，它是人脑对于数学对象事物(结构及其关系)的某种直接的领悟或洞察。他指出，直觉“具有了解事物整体的作用，具有将细节组合成和谐性整体的作用”；具有审美作用；具有辨别真伪的作用。所以数学直觉的内容方面很广，它包含着审美直觉、关联直觉、辨伪直觉等。而关联直觉又包括关于序的直觉、相似直觉、相关性直觉、映射关系直觉、连续性直觉、对称性直觉等。徐利治先生指出培养数学直觉是数学教育的一项主要内容。要教会学生猜定理、猜证明，要激起学生对学习数学的喜爱，要培养其对数学美的鉴赏力。下面从数学家的主体和环境来阐述数学直觉的内容及其培养。

6.1 意识的作用

在创造发明时，我们大脑在思维时分成有意识思维过程和无意识思维过程。有意识思维过程在大脑表层，称作显意识区；无意识思维过程在大脑深层，称作潜意识区。当我们对一个数学问题进行思考，提出猜想，寻找途径进行证明时，需要查资料，看文献，与同行交流。当经过一段苦思冥想百思不得其解时，我们暂时休息一下，或改换做其他事情，或者应约赴宴，或者看场演出等。这时是意识思维过程通过编码，转换成潜意识能够自动运作的意象信息。这些意象信息经过组合与选择，再反编码转换成数学语言进入显意识区时，这就是所思考问题所要的结果。有时为了证明一个确信它能成立的猜想，要经过较长时间的苦苦思索，付出艰辛的劳动，中间要经过数次的顿悟，到最后这些个别的灵感融合成一个严密的具有内在联系的整体，从而使猜想转化成一个概念、一个原理或一种理论。有的人有意识与无意识同时工作，思维特别敏捷。数学家欧拉，28 岁就失明了，他的全集近 80 卷之多，其创造之丰是空前绝后的。我们的头脑应装有多个数学问题，根据问题的难易程度不同，其有意识思考的间隔时间也不一样，究竟多长时间合适，这可根据自己的主客观情况而定。

具有传奇式的印度天才数学家拉马努金的《拉马努金论文集》显示出这位数学家惊人的原创性和有着最深刻的洞察力。这里我们来简述一下他与另一位英国天才数学家哈代合作的一篇论拆分的文章。n 的划分数随 n 很快地增长，比如 $P(2\ 000)=$

3 972 999 099 388。两位作者证明了 $P(n)$ 是最接近下式的整数：

$$\frac{1}{2\sqrt{2}}\sum_{q=1}^{\gamma}\sqrt{q}A_q(n)\Psi_q(n)$$

其中 $A_q(n)=\sum\omega_{pq}\mathrm{e}^{\frac{-2np\pi i}{8}}$，求和是对小于 q 的 p 来做的，ω_{pq} 是1的某个 $24q$ 次根，γ 是 $\sqrt{n}$ 的阶，还有

$$\Psi_q(n)=\frac{\mathrm{d}}{\mathrm{d}n}\left(\exp\left\{\frac{c\sqrt{n-\frac{1}{24}}}{q}\right\}\right),c=\pi\sqrt{\frac{2}{3}}$$

为什么想到 $-\frac{1}{24}$，进而 $\frac{\mathrm{d}}{\mathrm{d}n}$，从而得 $\Psi_q(n)$？著名数学家李特尔伍德评论说[3]：为什么认为有这样一个形式存在呢？从理论上看，只可以作为一种解释，这几乎难以达到可信的级别。可是仍然难以看出是获得哪些数值的例子才可能启发他想到这样强的结果。除非形式 $\Psi_q(n)$ 已经知道了，否则，数值的论据不会给出任何建议。我们至少可以作出这样的结论：这个正确形式的发现来自灵光一闪。为完成这个定理的发现与证明，是这两个富有不同天赋的人之间的非常幸运的合作。他们每个人都在其中做出了各自最好的、最独特的和最幸运的工作。这是一个非常惊人的定理，得到这个结果的方法包含了一个新的重要原理，并且这一发现在其他领域也非常有用。合作研究可以达到互补和共振，有助于数学深层次的创造发明。

6.2　对数学的领悟

数学研究是什么样子的呢？当代调和分析数学名家伊来亚斯·斯坦说："它有点像艺术。你想做什么有很大的自由，而且你对你工作的价值评判是根据内在的审美感觉给你的喜悦。"英国著名数学家阿蒂亚说："正如赫尔曼·外尔所说，我们其实更像富有

创造性的艺术家。”哪种艺术与数学更接近？美国偏微分方程数学名家彼得·拉克斯说：“数学有时被拿来与音乐比较，但我觉得与绘画比较更好。”美国偏微分方程、规范理论数学家卡伦·乌伦贝克说：“对我们大多数人而言，在与数学的所有类比中，最好的是与音乐结构的类比。许多数学家都是正经的音乐家。”作为一名数学家，对于一种艺术爱好，不仅可以调节大脑精神生活，而且有助于数学直觉思维能力的培养。中国运筹学的开拓者之一越民义先生对文学艺术的雅兴和高超的鉴赏能力，使他的数学思维十分活跃，80岁在装箱理论上作出一个世界最好结果；95岁应邀作学术报告，思路十分清晰。

美国著名数学家威廉·瑟斯顿说：“数学不是关于数字、方程、计算或算法的，它是关于领会的。”又说：“一些不协调的东西，我会去反省和思考，用心灵的眼睛去探求，直到某个时候，视觉奇迹般地发生了改变，从迷雾和困扰中出现了形状、秩序和联系。”还说：“数学对我来说一直是一种奇妙的体验。我遇到了一群相处很愉快的人。我敬畏令人惊讶的复杂和壮美的大厦，它们可以从纯粹的思想出发，由简单规则建立起来。我回味着不断发生在我的视野中对数学问题理解的变化。”理论在于领悟，生活在于体验。数学家用数学语言、简单规则为数学大厦奠基，添砖加瓦，组装预制组件，最后形成一座座完美壮观的数学大厦，矗立在人们视野中，那是多么美妙壮观的事业。数学家个人每当回忆创新过程，他们心灵深处有一种美的享受就足矣。

对于挑战性的数学问题，往往需长时间的独立思考，才有领悟的境界出现，最终获得里程碑式的结果。下面举一个突出例子。张益唐是1978级北京大学数学系的学生，1982年又师承北大潘承彪教授攻读数论硕士学位。1991年在美国普渡大学获得博士学位之后，他没能找到大学的正式教职。在这之后，他从事过各种各样的工作，当过会计，在快餐店打过工，当代课教师等，但他一直对他热爱的数论执着追求。100 多年来解析数论专家没有哪个没有直接和间接研究孪生素数猜想，在这个领域的几乎所有专家都认为这个问题有着不可逾越的天堑。2013 年 5 月 13 日，张益唐受邱成桐教授邀请，在哈佛大学作了一个报告。在报告中他首先向学术界公开宣布了里程碑式的定理："存在无穷多间隔小于 7 千万的素数对"。正是在艰苦而漫长的岁月里坚持不懈地执着钻研，使他在世界顶尖数学家都无能为力的难题上取得了成功。他孤独而坚持不懈地攻克数论的艰深难题，为中华民族、中国数学界赢得了巨大的荣誉。

数学直觉不是数学的全部，尽管人们还无法理解数学直觉的本质，但是直觉这个不可捉摸的生动的力量在创造性的数学活动中总是不断地起着作用，推动并指导着甚至最抽象的思维。

注：

[1] 雅克·阿达玛. 数学领域中的发明心理学[M]. 大连：大连理工大学出版社，2008.

[2] 徐利治. 漫谈数学的学习和研究方法[M]. 大连：大连理工大学出版社，1989.

[3] 李特尔伍德 J E(著)，博卡巴斯 B(编). 数学随笔集[M]. 李培康，译. 北京：高等教育出版社，2014.

第7章　数学的模式真理观

数学的真理性是伴随数学发展而讨论的一个重要问题。第三次数学危机的出现使得这一问题的研究达到顶峰，由此产生了对数学基础研究的三大学派即逻辑主义学派、直觉主义学派和形式主义学派，并提出了各自的观点。这场轰轰烈烈的数学基础研究运动从1890年一直持续到1940年，最终由哥德尔定理平息了这场长达50年的激烈争论。数学真理性问题的讨论最终归结为数学的本体论与认识论问题，主要涉及数学研究对象的来源、形成方式等问题。因此讨论数学的真理性问题无疑对数学的本质有着更深刻的理解，有助于学生形成良好的数学观、数学学习观。诚如数学家R. Courant所指出的："没有关于韵律、和谐和结构的经验，或者没有形式、颜色和构图的经验，谁也不能对音乐或绘画进行欣赏。而为了欣赏数学，真正地接触其本体就更加重要。"[1]

7.1　数学的定义

自古希腊的亚里士多德给出第一个数学定义以来，数学家就没有停止过对该问题的探讨，并且经历着由对象下定义向由方法下定义的转变过程，这完全是由现代数学发展的特点所决定的。传统的数学定义往往是在恩格斯给出的定义的基础上，经过改造而成的。恩格斯给出的数学定义是这样的：

数学是研究现实世界的空间形式和数量关系的一门学科。

很显然，上述定义对于19世纪以前的数学是基本适应的，但是，19世纪以后，特别是公理化方法的发展和应用，导致了许多非量的数学分支的产生，于是数学家又给出了如下几种形式的定义：

(1) 只要适当扩充空间形式和数量关系的概念,恩格斯所提出的关于数学对象的定义,现在仍然适用于现代数学。

(2) 现代数学是关于各个变量之间可能的,一般说来是变化的数量关系和相互联系的科学。

(3) 对于现代数学重要的仅仅是被研究对象之间的数量关系的结构。

(4) 数学是研究所存在领域中可构造的数量关系和空间形式的科学。

(5) 数学是关于从内容抽取出来的形式和关系的科学。

(6) 如果将以往的几何学乃至整个数学解释为关于数量的科学,那么,今天的几何学和全部数学已不再是关于数量关系的科学。

(7) 现代数学愈益成为非度量的和非数量的:数量只属于现代数学的一个很小的有限的领域。

受到布尔巴基学派结构观的影响,数学家又给出如下的数学定义:

(8) 现代数学的中心是"序"和"结构"这两个概念。

(9) 现代数学是关于"模型"和"结构"的科学。

(10) 数学是"能对大自然中任一对象予以符号化、量化和形式语言化从而进行逻辑演算,以揭示大自然规律的科学"。

(11) 数学是研究度量、形式、图形和变化的学科。

(12) 数学学科是集严密性、逻辑性、精确性和创造力与想象力于一身的一门学问。这个领域已被称为模型的科学。其目的是要揭示人们从自然界和数学本身的抽象世界中所观察到的结构和对称性。

(13) 数学是一门充满活力的科学,它寻求我们周围的物质世界与我们内部的精神世界的理解模式。

易男轩、王芝平在《多元视角下的数学文化》一书中从万物皆数说、哲学说、符号说、科学说、工具说、逻辑说等不同侧面给出了数学的 20 种定义。

究竟哪一种定义能够覆盖所有数学分支研究的内容,更能体现出现代数学发展的特点,任何一位数学家都不能做出明确回答。但有一点却是肯定的,上述各种形式的定义无疑是根据数学自身的发展特点,通过数学研究对象与现实世界的直接对照并加以扩充而给出的。这也事实上承认了数学研究对象的两个来源:一类数学对象是直接从现实世界中抽象出来的;另一类则是根据数学自身的逻辑发展的需要而构造出来的,即数学可以摆脱与现实世界直接对照的实在论的束缚而获得自由发展。人们对于数学中那些源源不断、自由创造的数学对象的真理观,也因三大学派划归方案的失败而受到了巨大的冲击。坚持实践检验数学的真理观,或者一味探求一成不变的数学真理性标准,必将阻碍数学尤其是现代数学的发展。20 世纪 80 年代,美国著名应用数学家、数学史学家莫里斯·克莱因(Morris Kline)在他的《数学,确定性的丧失》中指出,到 1990 年时数学就已经从实在性中分裂出来了,已经明显而且无可挽回地失去了它对自然界真理的所有权,因而变成了一些没有意义的东西的任意公理的必然推论的随从[2]。数学已丧失了确定性,丧失了真理性。

面对数学研究的自由化倾向,数学家曾一度表现出这样的担忧——研究这种脱离现实的数学有什么意义?英国数学家哈代曾解释说:“我相信数学的实在性是在我们之外,我们的作用只是发现它们或观察它们,而那些被夸张地描绘成我们的‘创造物’的真理,其实只是我们观察的记录。”[2]希尔伯特又说:“如果数学没有真理的话,那么我们知识中的真理、科学的存在和进步会怎样呢?的确,今天在一些专门著作和公开的演讲中,经常出现一种关于知识的怀疑主义;这是某种我认为有破坏性的神秘主义。”[2]实际情况又是怎样的呢?进入 19 世纪后,仍然有人拒绝虚数甚至负数进入数学，更不能容忍非欧几何、群论、四元数、超穷数等这些高度抽象的理论存在，然而使人们意想不到的是，所谓"虚"变数的"虚"函数的理论完全不是虚假的，而是解决许多技术问题很实在的工具，如机翼上升力的基本定理的证明就是以这个理论为工具来证明的。又如，这个理论在解决堤坝渗水问题时也显示了它的用处。而对大多数人来说不可想象和荒诞的非欧几何已成为广义相对论的基础之一，并且四维空间的非欧几何的一种形式成了广义相对论的数学工具。同样，在原子现象的近代理论中，在所谓量子力学中，实际上都在运用高度抽象的数学理论和数学概念。对此，怀特海深有感触地说："没有什么比这一事实更令人难忘，数学脱离现实而进入抽象思维限度的最高层次，当它返回现实时，在对具体事实进行分析时，其重要性也相应地增强了。"[2]最抽象、离现实世界最远的东西往往是解决实际问题最有力的工具，从这个角度而言，数学丧失了真理性之后，它也获得了最大的真理性。数学仍在不断地发展着，人们对数学的真理性的认识也不断改变着，数学从绝对真理时期，经历了真理丧失时期，最后进入了模式真理时期。

7.2　数学的模式真理观

"模式"一词是数学哲学中的一个术语，即相当于著名数学家贝尔纳斯所说的"结构"。早在 20 世纪 50 年代前，怀特海在美国的哈佛大学以《数学与善》为题作了一次著名演讲。怀特海在哲学上赞同柏拉图主义，如前所知，在基础学派中，他属于逻辑主义。在这篇文章中，怀特海提出的主要观点是[3]：① 数学是对模式的研究。一个确定的模式并不把它的各种错综复杂的性质直接显示给人的意识，理性意识不能认识一切，但它通过模式这种有限的东西可以认识无限。② 数学思想是以实体存在为背景对实体所进行的抽象。怀特海认为："数学的本质特征就是，在从模式化个体进行抽象过程中对模式进行研究。"怀特海所说的"实体"不仅是对客观世界某一侧面的概括，而且还包括他所理解的客观公认的数学抽象概念的再抽象，尽管这种再抽象降低了“实在”的意义，但对有限的思想却是必要的，因此，怀特海的这些观点是极其深刻的。1969 年的西方科学哲学会议主要是以“科学理论的结构”为中心议题，掀起了科学哲学中的“新方向”，在此影响下，数学家们提出了各种数学真理性观点，其中具有代表性的是“组合论”与“模式论”。

20 世纪 90 年代，随着数学方法论这门新兴学科在我国的日益发展，随着数学哲学在我国研究的日益深入，我国数学界和哲学界许多著名学者对数学真理性问题进行了重新思考，其中对此做出重大贡献的是我国著名数学家徐利治教授和南京大学的哲学家郑毓信教授。纵观数学发展的历史，两位学者考察了数学对象的历史演变，探讨了数学绝对真理时期和相对真理时期的数学特点，分析了数学基础三大学派失败的原因，吸收了以往历代数学哲学家诸如柏拉图、怀特海、拉卡托斯等关于数学对象的性质、真理性标准研究的合理内容，以唯物辩证的方法提出了“数学是一种模式真理”的真理观。这一观点反映了当今数学哲学的新思潮，是对怀特海等数学家有关数学真理性问题的一个大发展，是数学真理观进入“模式真理观”的标志。

数学模式真理观包括数学对象的性质、数学真理的层次性和真理性的指标三个有机联系的部分，即数学对象在本体论上的二重性；数学真理具有一定的层次性；数学模式的真理性是由平均抽象度、模式真理性程度和现实真理性程度来进行刻画的。

7.2.1 数学对象的性质

关于数学对象问题，前面已经指出，以现实世界的空间形式和数量关系作为数学研究的内容已不符合现代数学发展的特点。事实上，数学基本概念反映的是物质世界的现象和对象的外部方面——它们的数量、广延和外部形状，换言之，就是广义的哲学意义上的量，而现代广为发展的数学理论直接涉及所谓的各种抽象结构。徐利治教授赞同怀特海关于“数学对象是模式”“数学是对模式的研究”的观点，并给出了模式的一个确切含义，即模式是“事物(包括抽象物)关系结构的形式模型”。如此定义无疑是对数学对象更广泛、更深刻的认识和理解。

按照反映论的观点，数学对象在本体论上具有二重性。就其内容而言，数学对象具有明确的客观意义，即思维对于客观实在的能动反映，合理的数学对象(或模式)应该是一种具有真实背景的抽象物，而且完成数学对象的抽象过程是遵循人类认识的一般规律的，就是说，在数学中，最初的抽象是从感性的具体表象——现实世界的数量关系和空间形式出发，通过抽象产生一些最基本的、相对孤立的对象：数、形的概念与运算关系。然后，这些数学对象相互结合，相互渗透，逐渐组合出各种抽象层次越来越高但却越来越具体的广义哲学意义下的量的关系结构——数学模式，这就必须首先肯定数学对象在内容上的客观性。就其形式结构而言，数学对象并非客观世界中的真实存在，而只是人类创造性思维即抽象思维的创造物，但是，一旦它们得到了明确的构造，就立即获得了相对独立性，从而人们就视其为客观研究对象，并对它们加以运用。数学对象的这种性质告诉我们，我们不能以单一的眼光去看待所有的数学知识，而必须以动态的眼光从不同的侧面、不同的角度去分析各种层次上的数学知识的特征。

7.2.2 数学知识的层次性及其真理性检验的标准

郑毓信教授在《数学哲学新论》中从历史发展的角度，按递进的意义，根据数学知识性质的不同，把数学知识划分为四个不同层次[4]，即原始形态的数学知识、素朴的数学知识、非形式的数学理论和形式的数学理论。所谓原始形态的数学知识就是指一些不很复杂的实际问题的解答，这种知识的获得并没有严格的逻辑建构基础，从这些实际问题的解答过程中抽象出来的个别命题或者这些个别命题的汇集就是素朴的数学知识;如果再考察这些素朴的数学知识的整体性或逻辑联系,素朴的数学知识就上升为理论的数学知识,理论的数学知识又分为非形式的数学理论和形式的数学理论,非形式的数学理论和形式的数学理论的主要区别在于前者具有明显的直观背景,而后者则是指不予解释的数学理论,例如,就公理化数学理论而言,前者就是指实质的公理系统,即所谓的欧几里得的“对象-公理-演绎”系统,后者则是指抽象的公理系统,如希尔伯特在《几何基础》中所建立的“假设-演绎”系统就是形式的几何理论。

正是由于数学知识的层次性,我们也就不能以单一的眼光去看待整个数学的真理性问题。众所周知,数学模式不是感性经验的抽象物,就是理性思维的创造物,而抽象思维是遵循着人类认识运动的一般规律的,马克思曾指出:在人类的认识运动中存在着两条相反方向的道路,在第一条道路上,完整的表象蒸发为抽象的规定;在第二条道路上,抽象的规定在思维行程中导致具体的再现。这两条道路是相互连接的,就是说,认识开始先由感性的具体表象通过思维活动分析出各种单相的、僵死的、静止的、孤立的抽象规定。尔后,这些单相的、孤立的抽象规定又在思维的行程中被连接起来,综合成思维的具体再现出来。思维中的具体又可作为进一步抽象的素材,重演由具体到抽象再到具体的认识运动过程。这就构成了一个循环往复、不断上升的数学抽象思维系统。这个系统的每一个循环,数学模式的抽象层次就上升了一级,数学知识的这种抽象的层次性决定了数学真理具有层次结构。按照模式真理观[3],数学真理应划分为三个层次:第一层次是逻辑合理性;第二层次是模式真理性;第三层次是模式的现实真理性。所谓逻辑合理性就是指数学理论中每一个数学命题建构的合理性和逻辑推理的无矛盾性,这是任何一种数学理论最基本的要求;而模式真理性就是指“数学模式借助于逻辑定义而获得的稳定的关系结构而言的”，对于模式真理性，除了要考虑模式的逻辑合理性外，还要考虑对数学本身的应用，至于有无实际应用则不予考虑；模式的现实真理性是指“数学模式所具有的现实意义，即是指它们反映了真实世界中某种关系形式或特征”。模式的现实真理性，不仅要考虑数学本身的应用，还要考虑对外界的应用。数学真理的三个层次是彼此联系、相互制约的，它们共同存在于某种数学理论的统一体之中。

根据上述数学真理的三个不同层次，相应地就存在着不同的检验标准。对于第一层次的逻辑合理性，就是检验理论是否符合人类思维的规律性，即平常我们所说的同一律、矛盾律、排中律和充足理由律，经过这种逻辑检验，只要发现它的论证是严密的，不存在逻辑上的错误或漏洞，我们就承认该理论第一层次的真理性；对于第二层次的模式真理性，其检验标准就是模式所达到的形式化程度和逻辑建构的完美性程度，这是模式存在的一个内在准则。这也就是说用美学方法来检验模式真理性；而现实真理性却是用理论反映的具有若干重要特征的某个原型类的大小来评价的。最直接的方法是通过实践去发现理论在现实中的应用，即实践是现实真理性的检验标准。

从上述数学真理的层次性及其相应的检验标准不难发现，现实真理性的层次最高，检验起来也最困难，特别是现代数学尤其如此。这就体现了不同层次真理检验标准的不一致性。一般来说，具有模式真理性的数学理论，实践将证明它的现实真理性，这是模式真理性与现实真理性统一的一面。但是，这并不是说，凡是具有模式真理性的数学理论，就必然具有现实真理性；凡是不具有模式真理性的理论，实践也必然证明它不具有现实真理性，这是模式真理性与现实真理性非一致的一面。否认了这一点，也就否认了不同层次真理性的检验标准，甚至用模式真理性的检验标准代替实践检验。

7.3 各种不同真理观的合理解释

如前所述,伴随数学真理性问题的探讨,产生了各种各样的真理观,这些真理观既有一定的合理性,又有一定的片面性,这都可以从数学模式真理观得到合理的解释。如狭隘经验论者认为数学真理就是一种经验真理,即数学命题同其他自然科学的命题一样,都唯一地建立在感性经验的直接归纳之上,正因如此,在狭隘经验论者看来,数学真理就不具有什么必然性。这一观点无疑是以素朴的数学知识为直接研究对象进行研究的结果。就数学的发展而言,狭隘经验论者只承认了归纳的作用而忽视了逻辑演绎的作用;就数学真理的检验来说,狭隘经验论者只承认了现实真理而忽视模式真理性。事实上现代许多高深抽象的数学理论并非建立在对于经验事物的直接抽象之上,而往往是多级抽象的产物,对于这些理论只能达到模式真理性的检验而不能实现现实真理性。如代数数论、类域论、自守函数、康托尔的超穷基数序列等尽管还没有找到具体的现实原型,但我们不能不视其为伟大的成就。以弗雷格和罗素为代表的逻辑主义学派认为数学是逻辑的延伸,即逻辑证明的无矛盾性就能保证数学的真理性。现代数学的发展已证实了这一观点是错误的,事实上,从上述模式真理观的含义不难看出,逻辑的无矛盾性只属于数学真理的第一层次的检验范围,在数学发展史上,逻辑上证明是真而实践证明是假的数学命题是存在的,例如,19 世纪初的数学家普遍认为,连续函数必有导数是一条真理,许多数学家都把它作为推理的前提,这样,如果要证明一个函数是可导的,只要证明这个函数是连续的即可,其推理形式如下:

大前提:连续函数必有导数;

小前提:$f(x)$是连续函数;

结论:$f(x)$是可导的。

这一推理遵循着三段论规则,其结论当然是正确的,可是,后来数学家发现了处处连续但处处不可导的函数，这个反例说明大前提是错误的，同时也说明推理形式是不能确定大前提的，大前提是随着实践的发展和人的认识的提高而变化的，因而只是具有相对真理性。再如科学哲学家拉恰托斯所提倡的既不是传统的经验主义真理观，也不是逻辑主义学派的那种分析真理观，而是一种特殊的拟经验真理观，他认为数学命题只能是大胆猜想——对此只能加以证伪，而永远不可能得到证实。拉恰托斯的拟经验真理观是通过对形式数学理论的性质的分析而概括出来的，这里的拟经验性所涉及的仅仅是演绎系统中真值的传递方式，而并未对注入其基本命题的真值的性质作出任何断言。但是，现代数学理论中的任何一个命题的可接受性是：要么具有模式真理性，要么具有现实真理性。我们总可以断定其在某一层次上的真值，主张数学命题只能证伪而不能证实的观点是不符合现代数学特点的。

上述各种观点归根结底就是如何看待数学真理的检验。模式真理观同时又告诉我们，我们既不能把模式真理性和现实真理性绝对地对立起来，否则就会出现狭隘经验主义和逻辑经验主义那种极端片面的真理观，也不能把模式真理性和现实真理性完全等同起来，否则就是对数学理论现实真理性的绝对肯定。这事实上正是模式真理观的重大贡献。

7.4　数学模式观对数学教育的影响

众所周知，数学教学实质上就是在一定观念指导下的教学活动。这里的观念包括教师的数学观、教学观与学生的学习观。研究者认为数学教师的教学观与学习观依赖于数学观。事实上，数学模式真理观不仅回答了“数学是什么”的问题，同时也指出了如何从事实际的数学活动。有什么样的数学观就会导致什么样的数学教育观。“从事数学工作的人，如果认为数学是一门演绎的科学，那么他就不会去关心实践提出的数学问题，而专注数学的逻辑问题；反之，如果认为数学是一门经验的科学，他就不会去关注数学的逻辑问题，而关心实践提出的数学问题；如果认为数学是一门经验性与演绎性辩证统一的科学，他就会既关心实践提出的数学问题又关心数学的逻辑问题。”[5]事实上数学模式观对数学教育的影响是多方面的，具体地体现在以下几个方面。

7.4.1 数学知识系统是多元的、综合的、开放的系统

数学模式既可以是概念、原理、公式、法则，也可以是问题、方法、结构或理论。数学模式是人类抽象思维的结果，人类思维的创造是自由的或者说具有至高无上的作用，但同时又具有一定的局限性，这是因为任何一种数学模式的建立，最终是否能够被人们接受，与当时的社会背景、生产力的水平、数学家的信念密切相关。如无理数的发现、虚数的诞生、集合理论的创立都受到了当时人们的质疑，甚至诽谤和攻击。因此，数学知识系统就不应被看成是概念、原理、公式、法则等内容的简单汇集，而是与其他学科如数学哲学、数学史融合在一起的多元的、综合的、开放的系统。传统教材以及传统教学法的严重缺陷是学科与学科之间、领域与领域之间的孤立、分割，从生态学的角度看，知识的综合化、多元化是恢复数学课程内容之间生态关系、在教材内构建完整知识生态系统的重要途径。在这样的生态关系中，知识才能走向动态化。在数学教学过程中，现在亟待加强的是数学史和数学哲学。数学教育不能割断历史，更不能脱离历史。数学史不仅能告诉人们数学思想的逻辑行程和历史行程，而且还有助于理解数学学科的社会角色和人文主义。数学哲学则被普遍认为是沟通数学与人文的桥梁，这就需要广泛利用数学史提供丰富生动的素材。研究表明，数学教师具有数学哲学、数学方法论、数学史、数学文化等知识储备已成为高效数学教学行为的内因之一[6]。因此，强调数学知识系统的多元性、综合性和开放性，就是在数学教学过程中注重数学与数学哲学、数学史的结合，以充分发挥这些学科在数学教育中的作用，

这已成为我国当前数学教育改革的一个重要方向。

7.4.2　数学知识是过程与结果、直觉与逻辑的统一体

按照数学模式观的如上所述，数学对象是思维对客观存在的能动反映，这种抽象过程实际上就是一种创造性过程。“这种过程所牵扯的是摸索、疏忽、猜测和假设。想象、直觉、预测、洞察、实验、机会、运气、艰苦的工作以及巨大的耐心都被用来掌握一个概念，构成一个猜想以及找到一个证明……任何逻辑无误的指导都不能告诉头脑应该如何思考。伟大的数学家们着手解决一个问题并失败了，另一个数学家又来解决它并成功了，就是这一事实表明了在创造中融入了多少人的脑力劳动，这种创造不是在最后的证明中所表现出来的系统的、有条不紊的推理。”[1]因此，数学对象的抽象过程就是在已有经验的基础上，直觉与逻辑交互作用的过程，也是一个可纠错的过程，而一旦该数学对象得到构造，它就获得了相对独立性，成为其他数学对象逻辑建构的起点，因此，它又是过程与结果的统一体。传统的数学教材只注重数学知识的逻辑联系，体现出演绎性的知识结构。受到这种教材的影响，教师在课堂教学的过程中过渡地强调数学知识的传授，忽视了知识的来龙去脉与形成过程。按照皮亚杰的结构主义理论，学生的学习被认为是一个在生物意义下的基于吸收和适应过程的顺应过程。“吸收”是指对于遇到的新情况能够利用已经构造的认识模式进行简单的处理；“适应”是指当一个重要的不平衡出现时必须对原有的知识予以重组。这就意味着学习不能归结为传递事实的简单过程，即学习并非学生对于教师所授知识的被动接受，而是一个以其已有知识和经验为基础的主动建构过程。[7]这就必须打破教师在课堂上的绝对权威的地位，重新审视教师与学生、教师与教材以及学生与教材之间的关系，确立学生在课堂中的主体地位，充分发挥学生在课堂上的主体作用，让学生从被动接受式的学习转变为积极主动

的参与，成为学数学、做数学的主人。可以认为，当今数学教育的建构主义学习观是以数学模式观为重要理论依据的。

7.4.3　注重数学在实际中的应用

如前所述，几千年来，数学一直被认为具有至高无上的绝对真理性，19世纪数学发展的一系列变革，如非欧几何、群论、四元数等理论的诞生，以及20世纪初集合论中悖论的出现，使得数学的真理性受到了巨大的冲击，数学的真理性开始受到人们的怀疑。三大学派正是在这样的背景下出现的。数学模式观指出了数学真理的层次性，亦即指明了数学真理具有相对性。所以数学经历了从绝对真理时期到真理丧失时期，最后又到了真理相对时期。数学尤其是现代数学已获得了突飞猛进的发展，特别是计算机产生以后，更是如虎添翼，并且许多高度抽象的数学分支在不同的领域甚至在现实生活获得重大的应用，体现出数学的模式真理性与现实真理性的统一。作为数学知识特别是现代数学知识的普及，更应该体现出这种统一性。传统教学过程往往只注重数学知识的演绎结构，流于毫无生机的单纯演算习题的机械训练。忽视了数学与其他自然科学以及现实生活的联系。不利于培养学生的应用意识，更不能使学生形成正确的数学观，甚至得出数学无用论的结论，人为地割裂了模式真理性与现实真理性的统一。因此，加强数学在其他学科特别在现实生活中的应用就成为消除这种现象的重要途径。借助于数学思想方法解决实际问题的过程本质上就是数学建模的过程，这一过程可分为三个步骤：第一步，运用数学语言表述实际问题，即建立数学模型；第二步，对建立的数学模型进行求解；第三步，验证数学模型的合理性。上述步骤既促进了数学应用与创新的结合，又体现出了经验与演绎的统一，最终反映出数学抽象和数学模式理论的真理观[8]。

注：

[1] KAPUR J N. 数学家谈数学本质[M]. 王庆人，译. 北京：北京大学出版社，1989.

[2] 张祖贵. 对数学的反思[J]. 自然辩证法研究，1989，5(2)：51-58.

[3] 徐利治，郑毓信. 略论数学真理及真理性程度[J]. 自然辩证法研究，1988，4(1)：22-27.

[4] 郑毓信. 数学哲学新论[M]. 南京：江苏教育出版社，1990.

[5] 林夏水. 数学本质·认识论·数学观[J]. 数学教育学报，2002，11(3)：26-29.

[6] 王光明. 高效数学教学行为的归因[J]. 数学教育学报，2010，19(5)：75-79.

[7] 郑毓信. 数学教育哲学[M]. 成都：四川教育出版社，1995.

[8] 褚小婧，张维忠. 数学模式观下的数学建模[J]. 数学教育学报，2009，18(5)：28-30.

数学教育

对于学生，创造性的活动和消遣性的活动就是数学的核心。正是在这种工作中，数学家做出了最高的贡献，并最有意义地推进了这个学科。创造过程不但在解决已有问题时是必不可少的，在其他方面也有重要作用。如果不创造新的观点、新的研究方法及新的目标，那么数学就只能对旧的证明做重新组合或者继续严格化的工作，这样它很快就会枯竭，并失去生命。把步骤重排，把定理编成系列以便构成已有知识的演绎的重新组织，这些常常需要机敏，但总的来说，这种工作十分像把书本重新安排，而创造性活动则可以和写书相比。数学家在创造性工作中所能得到的满意、涉猎的兴奋、发现的颤音、取得成就的意识以及成功时的得意，所有这些都比他在按照演绎模式对证明做最后整理的工作中所能得到的要多得多，强烈得多。

——M. Kline

必须在严格形式和习惯语形式方面将学生们引向数学语言。他应该学会清晰地解释一些基本概念、陈述和记号。他应该用有选择的数学技巧发展自己的敏捷，应该知道一部分基本定理的证明并得到证明方面的经验。他应该懂得抽象和公理化方法的效力。他应该了解数学的可应用性以及在数学与其他领域之间的建树性的相互作用。他应该开始阅读数学文献，理解它们，并以此为乐趣。他应该学会从例证和经验中培养好奇心和实验习惯，学会比直接目标看得更远，提出和验证假设。总之，学生必须在数学方面开始成熟，而且开始获取数学信息。

——CUPM Panel

透过数学教材中精确、简洁的数学定义、原理、严密的逻辑推理以及确定无疑的结论，我们看到了数学静态的严谨之美、形式之美；分析数学概念、原理的来龙去脉以及形成过程，我们又看到了数学创造过程中动态的方法之美、思想之美。因此，数学作为人类思想的表达，反映出了人类追求真理的积极的愿望，沉思的推理，以及对于美的完善的向往。数学既是逻辑的又是直觉的；既包含了分析和构造，又包含着一般性与个性。在大学数学教学过程中，教师不仅传授事实与理解，更要充分运用这些矛盾之间的相互作用，挖掘数学中的美学要素，指出数学的魅力和挑战的闪光之处。引导学生学会欣赏数学之美，应用数学之美，体验数学创造过程中的那种成功的愉悦，最终达到以真示美、以美启真的教学效果，培养大学生正确的知识观、学习观。

第8章 “新数运动”对大学数学教育改革的启示

文献[1]曾全面地概括了“新数运动”失败的经验教训，并由此提出了中学数学教育改革中应注意的几个问题。本章在此基础上，对新数运动的失败进一步反思。从中汲取了有利于大学数学教育改革的新方法、新思想。

众所周知，新数运动的导火索是1957年苏联率先发射世界上第一颗人造地球卫星。作为震惊后的反思，当时的美国总统艾森豪威尔曾派一批专家去苏联考察，试图寻求美国航天技术落后于苏联的原因，专家们得到的结论很简单：美国航天技术滞后的根源就是教育的落后。于是以法国布尔巴基学派为理论基础的数学教育运动一哄而起，可惜又一哄而散。尽管新数运动失败了，但反思之后它也给我们留下了一份丰富的遗产。

8.1 大学师范教育的新领域——微格教学

新数运动的失败给美国大学师范教育工作者当头一击，疼痛之后对失败的原因冥思苦想，当时的美国教育界把失败的原因归属于美国师资队伍的总体素质不高。于是为培养高质量的师资，师范教育工作者力图寻求一种教师教学有效性的整体标准(Overall Criterion of Teacher Effectiveness)，然而遗憾的是这样的标准一直未找到。后来，美国某些教育工作者将研究重心由教学的有效性整体标准转向了教师教学有效性的微格标准(Micro Criterion of Teacher Effectiveness)。1963年，美国斯坦福大学的教育专家通过对课堂教学过程的大量分析、研究和论证，提出了成功教学的14项关键技能:① 刺激的多样化;② 课的导入;③ 课的结束;④ 非言语性提示;⑤ 强化学生的参与意识;⑥ 流畅的提问;⑦ 探索性提问;⑧ 条理化的提问;⑨ 发散性提问;⑩ 认知与行为相辅相成;⑪ 举例与说明;⑫ 讲解;⑬ 有计划地组织竞争;⑭ 充分的沟通。

该大学的研究者们认为,若让一个师范生一下子学会并综合运用这14项技能相当困难。但如果先对师范生分项培训,使其逐一掌握这14项技能,然后让师范生到教学实践中去综合运用,那就相对容易得多,并且该技能的培训打破了传统的授课模式,在一种由多媒体介入的实验室环境中,按严密的程序对师范生进行训练,以便大大缩短师范生掌握这些技能的时间。在这样的基本思想指导下,微格教学的第一个操作模式便在斯坦福大学诞生了,并具有划时代的意义。首先,微格教学简化了复杂的教学过程,以小坡度低台阶的方式,对师范生采取先分项后综合的训练策略,加强了师范生对教学过程的认识和理解;其次,实现了高效率的个别化教学,因为微格教学基本是在实验室环境下实施的,师范生面对的是模拟课堂,学生人数和教学的持续时间都尽可能地精减,再加上微格教学中应用了各种现代化视听技术和声像软件资料,使师范生掌握教学技能的时间极大地缩短,训练效率大大地提高;再次,微格教学保证了教学反馈的及时性、直观性和全面性,因为微格教学提供的是声像记录及其他辅助性记录相结合的反馈信息,该信息具有直观性和全景重现的特点,指导教师可边放师范生的教学录像边进行分析评论,必要时还可多次重放某些部分或作定格、慢放等多种形式的反馈。

微格教学在我国起步较晚。20世纪70年代末期,我国少数高校开始尝试,并组织了微格教学讲习班,效果良好。目前在我国师范高校推广微格教学模式是非常必要的,因为近十几年的调查研究结果表明有相当部分师范毕业生走上工作岗位后,不能较快地适应教学工作，用人单位很有意见，究其原因与在校期间师范生的教学能力未能得到较好的培养有关。而微格教学模式是培养师范生教学能力的有效手段，是培养未来合格的人民教师的一种重要方法，应在各个师范院校大力推广。为此期望各师范高校负责人重视微格教学，融现代科技于教学过程中，在教学辅助设备方面多投资，使微格教学法在我国开花结果。

事实上，今天在世界范围内兴起的教师专业发展的理论与实践或多或少地渗透着微格教学的有关思想。在教师专业发展的现代理论中，人们提出课堂教学的自我诊断、自我反思的观点无疑受到了微格教学的影响。在现代的教学诊断内容中已由教师自身的诊断扩展到学生和旁听者的诊断[2]，诊断流程也由原来的单一化转变为多元化。

8.2 数学教育研究的一个新领域——“教育数学”的开创

我们知道，新数运动的失败在于以结构主义高观点为指导下的数学教育改革运动，在这种观点指导下编制的中学教材难度太大，不符合中学生的认识规律，继而难以被吸收消化。当前，在社会主义市场经济条件下，为适应新时代的发展要求，我们必须大胆改革大学数学知识体系及教学方法，既融现代科技基础于教材中，又使知识体系及教学法符合大学生的认识规律。那么怎样才能做到这一点呢？这就是“教育数学”所研究的重要内容。

对教育数学的理解为：“数学教育要靠数学科学提供材料，对材料进行教学法的加工，使之形成教材。但数学教育不承担数学上的创造，为了教育的需要，对数学研究成果进行再创造式的整理，提供适于教学法加工的材料，这就往往需要教学上的创新。”比如，令人难以理解的伽略瓦理论，由约当的“置换和代数方程论”对其加以全面而精辟的介绍，使人能够接受和运用，这就是教育数学的一个具体应用[2]。目前，我国大学数学教育改革正在轰轰烈烈地进行着，无疑各种不同的数学结构体系应运而生，真可谓“八仙过海，各显神通”，但如何结合哲学、数学方法论、心理学及思维学的理论成就寻找到最佳知识体系，是我们大学数学教育工作者研究的新课题。张奠宙、郑正亚[3]就当前数学教育改革提出的十大问题之一：不要过分渲染“逻辑思维能力”。这是因为逻辑思维只让学生学会严谨不会发挥想象，也不会运用归纳。现在的数学教材就是演绎性教材；为培养大学生的数学创造力，根据教育数学的观点，建议对现代教材进行彻底改革，不仅更新知识内容，而且更新结构体系，教材中应充实实验归纳法及探测性演绎内容，体现出“知识发生过程”，从而培养学生的数学发现力。这正如莱布尼兹所断言：“没有什么比看到发明的源泉（过程）更重要了，比发明本身更重要。”

8.3　世界性的数学教育热点——问题解决

从文献[4]知，从社会学角度看，促成新数运动的一个重要原因就是关于教育现状的普遍的“危机感”，也就是社会的进步与数学教育“落后”现状之间的尖锐矛盾，这一矛盾极大地促进了数学教育研究者对数学问题及其解决的探析。那么，什么是数学问题？对该类问题解决的思维过程又是什么？1988 年，在第六届国际数学教育大会上，“问题解决、模型化和应用”课题报告中指出：一个数学问题是一个对人具有智力挑战特征的、没有现成的直接方法、程序或算法的未解决的情景。所以作为“问题解决”中的问题，主要是指非常规问题，它包括了非传统的文字应用题及智力游戏题等开放性问题。长期以来，许多数学教育专家对问题解决的思维过程提出了若干模式。但总括起来，问题解决大致包含以下五个步骤[5]：① 阅读问题；② 探究问题；③ 选择解题策略；④ 解决问题；⑤ 复习、回顾和验证解答。

这五个步骤的理论基础就是现代认知科学和“构造主义的数

学学习观”。所以问题解决的核心思想具体一点说，就是数学学习并非是一个被动的吸收过程，而是一个以已有的知识和经验为基础的主动的建构过程，应注意的是这里所说的“建构”并不是指我们必须在头脑中机械地去重复有关对象的逻辑定义，而主要是一个“具体化”和“同化”过程，也就是我们应当深入地去分析新的概念或理论的本质，并把它们与先前已获得的知识联系起来，从而使前者成为可以认识的“具体”对象，并使相应的认识成为整个知识体系的一个有机组成部分。这正如美籍数学家、教育家波利亚(Polyra)所指出的：“抽象的道理是重要的，但要用一切办法使它们能看得见摸得着”“这里应当有一种洞察事物‘内在境界’的尝试，应当让所学习的材料经过消化吸收到学生的知识体系中去；到学生的整个精神世界中去。”

在“问题解决”的教学过程中，我们大学教师应当发挥怎样的作用呢？

(1) 教师既备课又备人。也就是说，教师既应在头脑中实际地去完成有关教学内容的建构，同时又应通过深入的了解建构起关于教学对象的正确认识。

(2) 教师应当调动起学生学习的积极性。也就是说，教师不应仅“给出”问题，通过各种方法使学生被动地为教师工作，而应鼓励学生主动地去寻找问题，并承担解决问题的责任。在整个问题解决过程中，教师应成为学生的平等参与者；当学生遇到困难时，教师应成为一个有益的启发者，不应成为“救世主”。从数学思想方法角度看，我们应当大力提倡数学思想方法的开放性与创造性，对于同一个问题，鼓励学生从多方位角度创造性地解决，不应强求解题思维过程的统一性。

(3) 教师应发挥“学习共同体”对学生学习活动的促进作用。共同体的组织形式主要是“全班性讨论”和“分组工作”。教师的主要作用是从启发法和“调节”的高度对学生进行指导和帮助。也就是说，首先引导学生弄清题意，明确已知的条件和结论；其次，在学生关于解题的最初建议可行的情况下，教师应提出更多的可能解法，并组织学生对应作怎样的选择和为什么作这样的选择进行讨论，这是一题多解问题，关于一题多解的心理机制是我们数学教育工作者值得研究的重要课题。

注：

[1] 曾崇桑，陈文立. 试论"新数运动"对数学教育改革的启迪[J]. 数学教育学报，1995，4(3)：8-12.

[2] 冯大鸣，罗湘. 现代科技与微格教学[J]. 自然辩证法通讯，1995，17(5)：22-29.

[3] 张奠宙，郑正亚. 数学教育争鸣十题[J]. 数学教育学报，1995，4(3)：1-7.

[4] 郑毓信. 问题解决与数学教育[M]. 南京：江苏教育出版社，1993.

[5] 王延文，等. "问题解决"及其研究综述[J]. 数学教育学报，1995，4(3)：35-39.

第 9 章　数学教学的情感目标和素质教育

任何现实的人类活动都是知、情、意的结合，任何实践活动都是真、善、美的统一。数学教学活动既需要理性精神的力量，又需要非理性精神的力量，正是二者的相互作用才使得教学目标得以顺利实现。在非理性精神力量中，情感是不可缺少的重要因素。各种才能、智力都有其发展的情感环境作支撑，情感是人对客观世界的一种特殊的反应形式，是主体对客体是否符合自己的需要的态度、感受、体验等心理状态。积极健康的情感，良好的情感环境可以激发学生探求知识、获取真理的欲望，是培养学生创造性思维的动因。探讨数学教学的情感目标与数学素质教育的关系具有重要意义。

9.1　对数学教学情感目标的认识过程

9.1.1　国外研究状况

布卢姆(B. S. Bloom)1981 年在所著《教育评价》一书中指出："认知可以改变情感，情感也能影响认知。学生成绩差异的$\frac{1}{4}$可由个人情感特征加以说明。"他指出："美国教育界始终主张，发展诸如兴趣、愿望、态度、鉴赏、价值观、义务感或志愿感、意志力等特征，是教育上最重要的理想之一。然而麦克姆林却以资料说明了这样的真相：那些最优先得到学校重视，以至妨碍情感目标实现的成果却正是属于认知性质的。""认知成果的获得越来越为人们所关心，并很少受到怀疑，而情感目标受到冷落。"[1]可是，这并不意味着认知成果的实现没有与之相随的情感变化——恰恰相反，这些不同成果之间可能存在十分密切的联系。正如B.O.史密斯指出的："讲授任何概念、原理或理论，都不仅仅为了理解，同时也是为了寻求对待它们的态度——对其有用性、可依赖性等表示接受或拒绝。"

1986年赫尔马·格·弗兰克在《未来教育科学入门》[2]中也说："通常我们把'培养教育'这个词理解为提高学生的心理活动、认识或情感所做出的一种努力。""就数学教育而言，全美教育学会的70年代报告认为：课程除了纯粹的智力发展外，情绪、态度、理想、雄心、价值，对于数学教育过程来说，也是应当关注的正当的领域……"同时，数学教育家们从另一个角度的研究也达到了相同的认识，比如，波利亚的"学习三原则"[3]中的第二条就是"最佳动机"："为了有效地学习，学生应当对所学习的材料感兴趣，并且在学习活动中找到乐趣。"而在"教师十诫"中至少有"五诫"与情感目标有关，特别是其中的"① 要对你讲的课题有兴趣；④ 要观察你的学生的脸色，并清楚他们的期望和困难，把自己置身于他们之中；⑩ 要建议，不要强迫别人去接受"。并直言不讳地说："假如你对一个课题不感兴趣，那就不要去教它。因为你将不可能令人满意地教好它。"这里，教师和学生的情感都说到了。

9.1.2　中国研究状况

中国教育一贯主张"晓之以理，动之以情"。最早的教育家孔子开创私学，设"诗、书、礼、乐、易、春秋"六科，其中诗、礼、乐均有陶冶情操、进行情感教育的功效。在学习方法上，则倡导"学而时习之，不亦说乎。"具体到数学教学，我国自有算学设课以来到19世纪，基本上都是以"能写会算"为目标，直到1933～1936年的《正式课程标准》，除了认知目标之外，才提出了"培养学生良好的心理习惯与态度"等带有情感色彩的目标。相关提法一直保持到1941～1949的《重修正课程标准》中，1952年颁布的《中学数学教学大纲(草案)》则规定有"形成学生辩证唯物主义世界观，培养他们的爱国主义及民族自尊心，锻炼他们的坚强意志和性格”的任务。1963 年颁布的《全日制中学数学教学大纲（草案）》中，提出培养三大能力的目标，却删去了情感目标。1977～1980 年的大纲，则以一句话：“激励学生为实现四个现代化学好数学的革命热情”概括地提出了情感目标，而在教学研究中，则一直放在“思想教育”的范围之内进行讨论。1980 年，杨之与郑大中著文倡导对数学学习动机、兴趣、态度、习惯等非智力因素的研究。等到 1992 年国家教育委员会颁布《九年义务教育全日制初级中学数学教学大纲（试用）》，才把情感目标作为素质教育的一个方面“正式”提出，提法是“培养学生良好的个性品质”，并对之进行界定：“良好的个性品质主要是指：正确的学习目的，浓厚的学习兴趣，顽强的学习毅力，实事求是的科学态度，独立思考、勇于创新的精神和良好的学习习惯。”同时，提出对教师的要求：① 对学习有困难的学生，要特别予以关心，及时采取有效措施，激发他们学习数学的兴趣，指导他们改进学习方法；② 要激发他们民族自尊心和爱国主义的思想感情，使学生逐步明确为国家富强、人民富裕而努力学习；③ 通过对成绩的考查和评定，激励学生努力学习。

9.1.3　对情感目标的认识过程

从教学理论研究和教育行政部门的要求看，大致有四个阶段：第一阶段，单纯的数学认知教学；第二阶段，仍以认知为教学目标，以情感教育为辅助教学措施；第三阶段，以数学认知为主要教学目标，提出情感教育也是重要的目标，但无评价措施；第四阶段，两个目标并重，均成为“硬指标”。

9.2　在数学教学中，情感目标的实施状况

（1）通过对有关资料的分析，我们看到，目前理论研究有的已似乎进入 9.1.3 中提到的第四阶段，比如，布卢姆对“情感目标”进行了分类，并且对评价进行了研究，但至今未能拿出科学的、大家

能接受的检测和评价方法，未能进入教育行政部门颁发的“大纲”一类的教学文件。

(2) 为数学教育界普遍接受并进入数学教学纲要性文件的，是上述第三个阶段。以中国为例，写进数学教学大纲的“培养学生良好的个性品质”是作为素质教育的目标提出来的。但是，第一，作为对教师的要求，似限于9.1.2中提到的①、②、③三点，为达到认知目标所采取的教学措施；第二，无具体的检测方法和评价要求；第三，依“大纲”编写的教材，只是初步地反映了大纲的规定，如选用我国数学研究的成果(似只是中国古代数学研究的成果，对当代的数学研究成果，特别是初等数学研究的丰硕成果，则视而不见!)，激发民族自豪感，选编了若干优美有趣的材料，放在“读一读”“想一想”中等等。未能引起师生的重视，更没有意识到有什么“情感目标”隐含其中。

(3) 纵观我国数学教学“一线”情况，大多数停留在第一阶段，少数进入第二阶段，其原因大致有如下几个方面。

① “大纲”既然无明确、具体的规定，自然可以不去考虑“考什么，教什么”的教学任务已经十分繁重，哪还有暇光顾?

大家知道，自20世纪70年代恢复高考以来，我国测试“硬指标”(认知目标)的方法是“全面覆盖”(大题量)和客观题型(选择、填空、追求背诵记忆能力)，因而这个“指挥棒”把数学教学导向“死记概念定理，学会套题型”的方向，我们如果透过杂志所谓的一些“研究文章”，再到教学一线看一看，就会明白，“全面覆盖”和客观题型(大题量，不容思考的考试)意味着什么，事实上杂志上成千上万的解题文章，如“题典”“解题学”等也都应运而生，考试的目标和指导思想不改，“应试”只会愈演愈烈。

② 目前，虽已提出“素质教育”的口号，但是，由于“大纲”似未做出明确具体的规定，仍未找到科学的、被普遍接受的测试方法，“情感目标”还可能继续被忽视下去。

③ 教师水平的局限。现实的情况是：我们当前现有的以及即将从高等院校走出来的数学教师，都是以“认知目标”为唯一的教学目标而培养出来的。“你怎么教他，他就怎么教他的学生。”这是很“厉害”的一条规律。因此，第一，从观念上讲，他们是传统的。第二，从知识上讲，他们缺乏必要的现代数学教育理论知识。第三，缺乏才智，波利亚说：“才智是运用知识的能力，当然，如果没有一定的独立思考、能动性和创新精神，也就谈不上才智，在数学中，才智就是探索问题，找出证明，评议百家，流畅地运用数学语言，及在各种具体场合辨认数学概念的能力。”

事实上，数学才智是数学研究经历的升华。“假如教师没有某种创造性工作的经历，他怎么能够去激励、引导、帮助甚至察觉学生的创造性活动呢？一位教师如果他知道的都是数学里显而易见的东西，他就不可能促使学生刻苦钻研；如果他一生中从未有过什么巧思妙想，那么当他一旦遇到这样的场面，就不会去鼓励学生，反而会怒斥他。”

(4) 数学教育研究和教学实践的种种情况是否告诉我们：把数学教学目标分成“认知”和“情感”两个领域，分别测试和评价，是不恰当的，在教学中是行不通的，这点令人深思。

9.3　从情感目标到素质教育

(1) 我们认为，布卢姆等人进行学科教学中实施情感培育目标的研究，是非常重要的，这对数学教学的研究和实践都有深刻的启示作用。

① “情感”是什么？是人对外界事物的一种心理反应，是对待事物的态度。在这里，主要指的是态度、价值观、兴趣、鉴赏等等。数学学习，作为学生以数学为内容的一种认知活动，自然与学生的心态有密切关系，因为认知只能在某种情感的环境中进行，布卢姆等人的研究证实了这一点，他们甚至指出：“每个情感行为都有着

某种性质的认知行为与其对应,反过来也是如此。一个领域的某一目标可以在对应领域内找到其对应者,虽然我们对此常常还未认识到每个领域有时都可以作为达到另一领域的手段,通常的途径是从认知到情感。”这里的表述虽然应用了“对应”这一术语,但长期的教学实践告诉我们,认知和情感只是一种正相关的关系:积极的情感,浓厚的兴趣会促进认知,消极的情绪,缺乏兴趣会影响认知。但是,如果布卢姆等人的两个领域“对应”的结论是科学的、正确的,那么也就说明,分别评价是没有必要的。

② 在数学教学中,必须注意运用有关“情感目标”与认知目标研究的成果。但是,作为科学研究探索其规律是一回事,在教学中加以实施是另一回事。事实上,在教学中分别提出认知目标和情感目标的做法是不可取的,提出与情感领域的目标有关的问题去询问学生往往对正常的数学学习形成干扰,进而,由近十年来各地“目标教学”的实践看来,基本的效果是为我们当前的“应试教育”推波助澜。因为高考命题事先把数学课本中的“知识点”定为《教育目标分类学》中教学要求六个层次(即知道、理解、应用、分析、综合和评价)中的某一层次,并举例(题目)加以说明,于是教师必在教学中,就按此尺度训练、测试了。也许,我国在“目标教学”的实验中,过分强调了《分类学》中的这个侧面,甚至把“展示目标”作为达到目标(所谓“变教的目标为学的目标”)的一种手段,这无异于拔苗助长而违背教学规律。弗赖登塔尔从中发现了三个问题:首先,《分类学》缺少某些东西,没有这些东西的位置,例如,六个层次不能被应用于像数学、物理这样的学习科目,因为对这些科目至关重要的观察、实验和设计实验等目标,并未在上述任何层次中出现;其次,《分类学》对学习过程和学习水平不感兴趣;最后,《分类学》只强调目标,这多少有些危险,因为“目标”没有给出任何关于值得“教”和值得“学”的东西的具体刻画,但是教学却被限制在已经设计好的“目标”之中了,换句话说,按照《分类学》的目标体系,

首先要检验“教”的内容是否适合这个体系，然后再“教”那些将被这个体系检验的内容，如此的教学该怎样进行？

(2) 对比。

① 将“认知与情感”的分类与“智力与非智力因素”加以比较，我们看到，“认知领域”相当于“智力因素”，但情感领域比非智力因素包含的内容窄。因此，作为对数学教育各种因素的研究，如按前一种似乎还有个“第三领域”，自然，情感属于非智力因素。

② 把数学教学目标按“认知与情感”分为两大类，将导致“认知”与“情感”两类教学目标的分离，而事实上，它们是须臾不离，难解难分的，而按“数学教学的素质教育”对教学目标的分类阐述，则比较科学。如“MM 教育方式”对教学目标的分类是：

A. 提高学生一般文化素养，也就是使他们养成合理地思考，清楚地表达和有条不紊地工作的习惯。

B. 增进学生的道德品质修养，即政治觉悟、科学世界观和良好的行为规范。

C. 形成和发展学生的数学品质，即牢固地掌握数学基本知识(包括技能、技巧)，培养数学才能(数学头脑，“三大能力”)，发展数学才智。

十年教学实验表明，这样的分类是可取的，教师可依据教材、学生等实际情况，设计教学目标，按此要求，智力与非智力因素，认知与情感目标，同时进入课堂教学，进入数学教学的各个环节。

③ 实践证明，数学教育目标的分类，宜粗不宜细，自然，能恰当量化的更好，但是绝大多数难以量化，甚至是寻求一个表达其达到某水平的“指导语”，也颇费周折。因此，对于作为课堂教学及各教学环节的目标，不宜过于具体，过于细微(如知道、了解、理解)，过于单纯。综合一点、粗一点，定性与定量相结合的测试评价，往往更为可取。因为无论如何，我们也不可能把一节课或一阶段数学教学达到的目标完全用语言表达出来。

(3) MM 教育方式的教学实践表明，从学生素质培养的角度看，对教学目标进行分类，是科学的，而“MM 教学设计”提出的三个层次：

A. 宏观设计：教学内容的性质、地位、作用、教学目标、教学方式方法等整体考虑。

B. 微观设计：对一个概念、命题、公式、法则、例题教学过程的设计。

C. 情景设计：为了给学生创造一个思维情景，使得在 MM 课堂上，洋溢着宽松和谐的气氛，探索进取的气氛，不同见解的争论质疑，多端信息的传输反馈，学生在“知识市场”上可以尽情地汲取知识，交易见解，提高能力，增长才干。

显然，这是对学习中的各种因素、各个“领域”的综合考虑。

注：

[1] 布卢姆 B S. 教育评价[M]. 邱渊，等译. 上海：华东师范大学出版社，1987.

[2] HELMAR G F. 未来教育科学入门[M]. 安文铸，译. 北京：中国世界语出版社，1986.

[3] POLYA G. 数学的发现[M]. 刘景麟，等译. 呼和浩特：内蒙古人民出版社，1981.

第 10 章　大学数学教育亟待解决的几个问题及其建议

大学数学教育目标包括三个维度，即知识与能力、道德与人文修养以及个性品质，应从数学的技术性与文化性两个角度透视大学数学的教育目标；由学术形态的知识转化为教育形态的知识成为解决大学数学与中学数学衔接问题的关键；突破传统“三论”的统治与束缚，充分考虑数学史、数学哲学以及数学文化在大学数学教育中的作用与意义，进一步发展与完善大学数学教育研究的理论基础；改革教学内容，构建大学数学课堂文化系统，加强大学数学的应用，以解决大学生数学学习态度的转变问题；注重数学知识的统一性、类似性是解决不同知识领域之间适应性问题的有效手段。

10.1　大学数学的教育目标

高等教育是建立在基础教育之上的高级专业教育，大学数学在高等院校中的地位和作用毋庸置疑。大学数学的教育目标是什么？这是高等院校进行基础教育必须首先解决的一个重要问题。从我国现有的论著来看，人们较多地探讨了中、小学数学的教育目标，而在设计大学数学培养目标的过程中，人们往往只注重数学学科严密的逻辑性、较强的继承性和知识的系统性；只强调各数学学科自身的独立性、完整性，人为地割裂了数学与其他学科、数学与专业的联系，缺少针对性，从而体现不出高等院校数学教育目标的特殊性。有研究表明[1]：当代大学的课程目标侧重于学生的认知发展水平，主要是基本的教学目标、教学内容、教学要求及部分教学建议;强调结果性和表现性目标,缺乏过程性与体验性目标。更多地从就业适应性角度来拓宽知识面,对大学生创新素质的全面培养重视不够;重视对大学生进行与知识获取相关的能力的培养,而对大学生人文素养的培养,对人格、品性、交往处事能力等方面则较少提及。作为大学数学教育目标,不仅考虑大学培养对象——大学生自身的特点,更要从数学尤其是现代数学发展的现状作出分析。

20世纪50年代,英国数学家、哲学家、数理逻辑学家怀特海在其著名演讲《数学与善》中指出:"考虑到数学有无穷多的主题内容,数学甚至是现代数学也还是处于婴儿时期的一门科学。如果文明继续发展,那么在今后的两千年,人类思想中压倒一切的新特点就是数学悟性占据统治地位。"[2]现代数学已发生了一系列深刻的变化,呈现出一系列新特点,特别是计算机科学的诞生,使数学更是如虎添翼,其发展速度之快,应用范围之广,远远超出了人们的想象。事实上,现代数学已经从物理、力学、工程技术等传统的应用范围扩展到了人类知识的各个领域,由此产生了诸如数学哲学、生物数学、金融数学、数学语言学、数学考古学等许多交叉性学科,并日益影响着人类的日常生活。因此,怀特海的预言不是在两千年而是在两百年内就有可能实现。数学应用的这种广泛性体现出数学的工具性特征,作为高等院校教育工作者,作为大学数学教育目标的制定者,一方面,应从历史发展的角度认识数学对科学、文化、艺术、社会发展、人类文明进步所起的作用和影响,这种作用与影响主要以社会、科学技术的数学化为具体表现形式的。关于这一点,文献[3]从三个方面揭示出其具体的内涵:一是在研究方法与研究手段上,能成功地运用数学理论和数学方法;二是在认识和思维方式上,更多地采用数学的观点和数学的态度去审视各种社会现象,考察社会问题,揭示社会科学研究对象的本质;三是社会科学研究应从数学及其相关的研究,特别是数学哲学、数学文化中吸取有益的养料，这主要是社会科学思想的数学化；社会科学数学化并不排斥、拒绝或替代必要的定性研究，而是与之有机地结合起来。另一方面，数学是人类文化的一个重要组成部分，还具有文化特性，体现出重要的文化价值：即对人们的生活态度、创新观念、理性精神的培养和形成具有十分重要的影响。正如克莱因所指出的："在最广泛意义上说，数学是一种精神，一种理性精神，激发、促进、鼓舞和驱使人类的思维得以运用到最完美的程度，亦正是这种精神，试图决定性地影响人类的物质、道德和社会生活；试图回答有关人类自身存在的问题；努力去理解和控制自然；尽力去探求和确定已获得知识最深刻的和最完美的内涵。"[4]正因为如此，大学数学教育目标应分为技术性目标和文化性目标。从数学本身以及人格培养的角度，大学数学教育的目标应包括三个维度：即知识与能力、道德与人文修养以及个性品质。

根据现代数学发展的特点，从知识与能力的角度看，大学生在大学期间所接受的大学数学教育应包括以下几个方面：① 在严格形式和习惯语形式方面将学生引向数学语言；② 重视抽象和公理化方法的作用；③ 从不同的角度系统所学各数学分支的知识，使其成为具有内在联系的整体；④ 培养学生主动独立进行证明的能力，由此发展他们的想象力以便能对证明或反证作出猜测，甚至在创造新的概念或理论方面做出贡献；⑤ 对某些科学领域的原则、方法和实践有着深刻的理解，了解数学与其他全领域之间的建树性的相互作用，形成以数学概念和分析正视科学情况的愿望和能力。[5]

其次，教育是人的精神世界的生产活动，教育的对象就是人的精神世界。从哲学角度来看，人的精神素质与人格具有内在的一致性，因此，教育也就是一种塑造人格的活动，对于人格文献[6]给出了富有启发性的定义："人格是个体的各种内在力量较为稳固持久的组织系统。这些内在力量不仅仅是指人的理性精神力量，而且还包括人的各种非理性的精神力量，是二者的有机组合和整合所形成的一种持久的力量，人的这种持久性力量有助于个人对各种情景作出反应，并进而形成个体较为一致性行为。”数学作为一门具有严谨性、抽象性及应用性的特殊学科，应突出其对大学生文化修养的特殊贡献，即通过揭示渗透在数学知识中的观点、信念和态度把数学同人的生活、思想、精神紧密地联系在一起，以数学知识为载体，在数学知识教育的同时闪耀出人性的光辉，从而升华为人的思想品格、释怀人的心理情结、透视人生哲理、关照人的精神自由[7]。最终提升学生的道德品质和人文修养。

第三，应形成良好的个性品质，即理性化的哲学素养，深厚的文学底蕴；谦逊和严谨的治学态度；追求严格化、统一化和一般化的数学信念；怀疑、批判的创新精神、合理继承前人成果的包容精神以及与他人合作的团队精神；对数学简洁美、和谐美、对称美、统一美以及奇异美的审美追求，从而达到追求真、善、美的最高境界。

10.2 大学数学与中学数学的衔接

这是数学教育界长期关注的问题。首先，从中学到大学是两个具有不同性质的学习阶段，二者在数学学习的目的、学习内容、教学方式等方面有着较大的差异；其次，大学数学与中学数学的教学内容、教学方式都处于不断地改革之中，在二者之间总会不断地出现新的矛盾、新的情况。在我国，中学数学学习往往注重学生技能与技巧的训练，采用辨别模式、回忆方法的思维方式；而大学则侧重于知识的严密性与系统性，强调对概念、原理的理解，倾向于知识的形式化，需要学生更多地进行辩证思维。根据人类学理论，学生与数学对象的关系表现为他们遇到这些对象时形成有效的习惯性关系，这种关系对于后继内容的学习会产生重要影响。从中学进入大学，学生最先接触的是微积分，其中有许多数学对象如实数、函数、极限、导数等都是学生在中学已经接触到的，对于这些熟悉的对象，中学数学教材与大学数学教材体现出了不同的建构过程。例如，在中学，极限概念是借助于动态直观语言进行描述的，而其他概念如导数则正是依赖于极限的基于几何和数值探察的动态概念以及代数技巧而建立起来的，由此向大学水平上以形式化的极限概念为基础构建的微积分的转变就成为学生在思维上的一个巨大的跳跃。首先，极限的形式化定义是在极限的动态语言描述性定义的基础上，通过精确化方法进一步抽象而建立起来的，这在数学史上继欧几里得之后体现数学严格化的又一光辉典范，极限概念的形式化定义不仅反映了统一化和一般化这种基础性工作的需要，而且也是一个产生证明的概念，从而打破在此之前单凭直观、运动去研究某些变量问题的传统方法；其次，该定义的实质在于把有关无限过程问题转化为了有限量之间的关系，消除了各种变量极限定义中的无穷小和无穷大的因素，从而回避了极限能否达到的问题，体现出用有限方法处理无限问题的重要思想；第三，由于极限的形式化定义使用距离来刻画自变量与函数及其所讨论数值的趋近程度，这种定义形式可以发展为邻域语言或拓扑语言，当它推广为邻域语言之后，在微积分中，许多与正数有关的抽象理论与证明都可以找到较为直观的几何背景，这对其相关的理论的理解与应用是十分有益的[8]。因此，极限的形式化概念的学习是必要的。如果在教学过程中，认识不到这些概念前后不一致和所导致的认识上的冲突，那么引入大学水平上的极限概念是极其困难的。研究表明，数学学习并不是一个连续的过程，它必须重新认识、重新组织，有时甚至要与以前的知识和思考模式真正决裂。对此，许多学者已进行过探讨，并提出较有启发性的建议，如文献[9]提出要在具体直观的模型基础上去传授抽象的内容。文献[10]则建议通过揭示渗透在概念、原理中的思想方法，加强大学数学与中学数学之间的联系。文献[11]在调查大学新生思维方式的基础上，提出了如下几条建议：① 帮助学生正确地了解、认识自我；② 帮助学生形成对学习任务的整体认识，以建立正确的数学观；③ 加强认知策略的教学；④ 加强学法指导。这些观点无一例外地仅是从大学教学的角度出发而提出的，未免偏颇。无论是中学数学还是大学数学，学生所接触的许多概念与理论题材都是通过人类大脑的抽象思维形式表现出来的，这里不仅包含有关思维对象的辩证法，而且还渗透着思维过程的辩证性。但是，在大、中学数学教学过程中，由于受到传统教材和传统教法的影响，教师自觉与不自觉地会形成一种灌输式的教育态度和倾向，即把学生看成是一种可以开发和榨取的土地，大量地灌输知识，其结果，学生只能呆读死记而不善于思考，其自身的心理生态结构遭到严重破坏，最终失去了创造力。学生只了解到数学的严谨性，却不能充分发挥其想象力；只学会了演绎推理，却不能进行归纳实验；只看到了数学理论的结果，却不能洞察理论产生的过程。最终使学生对数学形成了这样一种片面的理解，即在他（她）的全部数学学习过程中，严格性将成为数学的一切。因此，要解决大学数学与中学数学的衔接问题，其关键就是要通过大学与中学数学学习的不同点，寻找出共同的、本质的规律性的东西，即在深入分析数学知识抽象过程的基础上，遵循人类认识的一般规律，既要重视结果性的知识，更要突出过程性的、观念性的知识。在强调课堂教学内容的整体性、层次性和过程性的同时，更要注重学术形态的数学知识向教育形态的数学知识的转化，使课堂数学知识以开放状态、描述状态、对话状态的形式体现出来，这才是解决大学数学与中学数学衔接问题的关键所在。

10.3　大学数学教育研究的理论基础

20 世纪 60 年代，在世界范围内掀起了一场轰轰烈烈的“新数运动”，布尔巴基学派的结构主义观点无疑成为这场数学教育改革运动的主要依据，然而，由于仅仅强调了数学本身发展的特点，忽视了数学教育的教育层面，“新数运动”最终失败了。20世纪70年代，作为对“新数运动”的反思，数学教育界提出了“回到基础”的教育口号，但近10年的实践证明，这种强调通过反复讲授和大量的、机械的练习就能使学生掌握所说的基础知识和技能的改革并没有达到预期的效果。到了20世纪80年代，在美国数学家、数学教育家波利亚的数学启发法研究的影响下，“问题解决”成了数学教育的主要口号。问题是数学的心脏，是数学生命之源泉，自希尔伯特1900年在巴黎国际数学家代表大会上作了《数学问题》的著名演讲以来，问题在数学研究中的地位越来越重要。“某类问题对于一般数学进展的深远意义以及研究者个人的工作中所起的重要作用是不可否认的。只要一门科学分支能提出大量的问题，它就充满生命力；而问题的缺乏则预示着独立发展的衰亡或中止。正如人类的每项事业都追求着确定的目标一样，数学研究也需要自己的问题。正是通过这些问题的解决，研究者锻炼其钢铁般的意志，发现新方法和新观点，达到更为广阔和自由的境界。”[12]问题解决过程的实质就是应用已有的数学知识有效地解决实际问题，在这一过程中不仅涉及数学中的各种基本方法如数学抽象、符号化、数学模型的建立、逻辑推理与分析综合等，而且也包括数学启发法和自我调节的策略。“解题是智力的特殊成就，而智力乃是人类的天赋，正是绕过障碍，在眼前无捷径的情况下迂回的能力使聪明的动物高出愚笨的动物，使人高出最聪明的动物，并使聪明的人高出愚笨的人。”[12]正是由于问题及其解决的重要性，因此，“问题解决”又被认为是现代数学教育的核心。

20世纪80年代，我国著名数学家徐利治教授出版了他的第一部数学方法论专著《数学方法论选讲》，从此拉开了数学思想方法研究的序幕，并出现了一大批对数学研究及数学教育产生较大影响的论著。例如，徐利治教授通过对“关系映射反演方法”的系统研究，赋予“映射”和“反演”以不同的具体含义，给出了这一方法的严格的、形式化的表述，利用该方法可以解决从初等数学到现代高等数学中的大量实际问题。徐利治教授创立的“数学抽象方法与抽象度分析法”则深入揭示了各种数学概念的层次结构，为教学过程中基本内容、重点内容和难点内容的确定提供了定量化方法。通过对数学抽象原型、层次结构和抽象难度的分析，来激发学生自觉地运用相应的抽象原则进行创造性思维的训练，并有效地促进学生学习正迁移的产生。20 世纪 90 年代，徐利治教授又提出数学教育、数学哲学与数学史三者进行有机结合的改革建议。[13] 南京大学郑毓信教授于 1995 年出版的《数学教育哲学》则开辟了这一领域的一个新的研究方向，诚如郑教授在该著作的前言中所指出的：“各种水平上的数学教师的工作都受到了他们的哲学观念的影响，任何一次深入的数学教育改革运动也必然具有一定的哲学思想基础。”[14] 该著作中的相关内容极大地丰富了我国数学教育研究的理论基础，并产生了意义广泛的影响。作为哲学对数学教育现代发展的重要影响，近几年来，我国数学教育界又盛行起建构主义教学观：学习并非是学生对于教师所授予的知识的被动接受，而是一个以已有的知识和经验为基础的主动建构过程。这无疑是对传统数学教学观的严重挑战。

综上所述，大学数学教育研究的理论基础应打破传统“三论”即数学学习论、数学教学论、数学课程论的统治与束缚，在研究现代数学发展的新特点，特别是现代数学在各学科领域及社会经济生活中广泛应用的基础上，以大学数学教育现实存在的问题为突破口，运用国内外有关数学史与数学教育、数学哲学与数学教育以及数学文化学的最新研究成果进行大学数学教育理论的研究，最终带来大学数学教育理论上的发展与完善，甚至是突破，更好地指导大学数学课程、教材及教法的改革。

10.4　大学数学学习态度的转变问题

所谓学习态度就是指学习者对待学习比较稳定的具有选择性的反映倾向，是在学习活动中影响个体学习行为的内部状态。学习态度就是由学习者的认知因素、情感因素和定向因素构成的一种相互关联的统一体。对于大学生而言，正确的数学观应是培养正确数学学习态度的决定性因素。然而，传统的教材、传统的教学方法导致了学生对数学的片面认识，最终对学生学习态度造成极其严重的负面影响。如何看待数学，或什么是数学，这是古老而不衰的问题，也是大学生在学习大学数学的过程中必须明确的一个问题。当然，我们不可能一劳永逸地给出数学的一个确切的定义，也不可能仅从数学定义上就能解决大学生的数学观的问题。据统计，仅数学定义就有 200 多种，每一种定义都赋予了时代的特征，并且经历着由“对象下定义”到“由方法下定义”的转变。针对现代数学研究对象的高度抽象性、综合性及数学语言的高度形式化的特点，我们应该帮助学生从高观点、多层面去理解数学的本质，即从哲学的角度考察数学对象的历史演变，考察数学对象的来源、形成方式，辩证地分析数学对象与物质世界和精神世界之间的关系；从数学文化层面去认识数学，数学不仅是一门科学，而且是一种普适性的技术，是一种特殊的文化，对于后者，这正是当今大学生对数学认识不足的主要方面。“数学不只是关于数的世界、形的世界或更广阔世界的科学，还是充满人文精神的科学。”[15]“数学作为人文学和科学这两种文化之间的桥梁，是靠近各种教育活动的中心的。科学文化的冲突特征之一是定量化。因此，数学在现代教育中被赋予突出的地位。并且数学作为人类思想最精细的产品之一而独立地存在着，并且因其本质和内容，它和其他的艺术共同证明着人的创造能力。”[16]从数学活动层面来看，数学就不应简单地等同于概念、原理和推论这些理论知识的汇集，“数学主要是一项创造性活动,因此它要求想象、几何直觉、实验、有见识地猜测、尝试与错误、模糊的类比以及疏忽和摸索。每一个数学家都知道,创造性努力需要艰难的工作、困惑苦恼和真正的思维,他们也知道所导致成就的含义。详细写出最终的演绎公式是一项厌烦的任务。"[16]

从心理学的角度看,认知内驱力与学业成就、元认知有着密切的关系。有研究表明[16]大学生对待学习基本持积极态度,即若学习内容令人感兴趣,则愿意花精力去钻研相关知识;反之,则不愿意去深入学习。因此,要改变大学生的学习态度,就要首先改革大学数学的教学内容,具体地体现在以下两个方面:第一,透过教材的表层知识,深入挖掘渗透在其中的文化要素,主要包括历史背景、演变及认知历程、概念体系、思想观念、数学家的生平及个性品质等,上述要素有机组合构成了一个完整的文化系统,该文化系统为学生提供了丰富的信息资源,直接刺激学生学习过程的心理环境,对学生的理性精神世界和非理性精神世界的形成和发展都会产生积极的影响。第二,扩展大学数学的应用范围,加强教学内容与后继专业课程的联系,由此体现出大学数学在高等教育中的地位和作用,让学生体会到大学数学的有用性。

10.5　不同知识领域之间的适应性问题

大学数学课程的种类繁多,不同专业设置不同的课程体系,数学专业的学生开设的课程是以数学分析、高等代数、解析几何为基础的课程体系,而非数学专业则是以微积分、线性代数和概率统计为基础的课程体系。不同的学科具有不同的研究对象,也就具有不同的研究方法,渗透着不同的思想。如微积分是运用极限方法研究函数性质的;泛函分析所研究的对象不再是某个具体的函数,而是具有某一特性和关系的"函数空间",成为综合运用代数、几何和分析学研究方法的现代基础数学之一。概率统计则以统计思想研究或然现象的,即从一组样本分析、判断整个对象系统的性质和特征。其逻辑依据是“由局部到整体”“由特殊到一般”,是归纳推理在数学上的一种具体应用。即使同一门学科,其中的不同理论在推理模式或语言表述上也有较大的差别。如线性代数中就存在着三种不同的推理模式:某种程度上直接给出对象并在心中努力描绘的综合-几何模式;由公式可以直接进行计算的分析-算术模式;由一组性质定义进行思考的分析-结构模式。从一门学科过渡到另一门学科、从一种推理模式转移到另一种推理模式或者从一种语言表述的理论转化为另一种语言表述的理论,学生往往会遇到较大的困难。因此,在大学数学教育中,应重视学生学习过程中认知的灵活适应性问题。首先,应充分注意到不同学科或不同观点之间的统一性。统一性是在数学特别是现代数学的一个显著特点。19 世纪,由于非欧几何的建立,以射影几何为中心对其他几何概括的成功以及代数学中群的概念的确定,而导致了 19 世纪 70 年代几何学的一次大统一,这就是德国数学家克莱因提出的著名“爱尔兰根纲领”,即用变换群的观点作为分类几何学的基础,每种几何都由变换群所刻画,并且每种几何所要做的实际上就是在这种变换群下考虑其不变量;一个几何的子几何是在原来变换群的子群下的一族不变量。依照克莱因的观点,射影几何研究的是一个平面上的点变换到另一个平面上的点时变换群下的不变量;欧几里得几何研究的是在旋转、平移和反射这类变换下的一族不变量;等等。在此基础上,建立起这些不同几何学之间的联系。其次,善于发现不同学科或不同理论之间的类似性,这种类似性往往体现出两个不同学科或同一学科的两个不同知识系统之间的类比关系,从抽象过程来看,就是从特殊到一般或从一般到特殊的思维过程。在教学或学习过程中应借助于类比推理的方法理解不同学科或同一学科的不同理论之间的这种类似性,从而可以借助于熟知的内容去理解不熟悉的内容,运用已知的知识去理解未知的知识，以便达到对新的知识或新的学科的思考方法或思维模式的适应性。诚如波兰数学家巴拿赫所说的："一个人是数学家，那是因为他善于发现判断之间的类似；如果他能判断论证之间的类似，他就是一个优秀的数学家；要是他能识破理论之间的类似，那么他就是杰出的数学家；可是我认为还应当有这样的数学家，他能够洞察类似之间的类似。"[17]

注：

［1］周海涛. 大学课程目标与内容调查报告［J］. 教育研究，2004，288(1)：65-71.

［2］怀特海. 数学与善［C］//邓东皋，等. 数学与文化. 北京：北京大学出版社，1990.

［3］黄秦安. 数学哲学与数学文化［M］. 西安：陕西师范大学出版社，1999.

［4］郑毓信，王宪昌，蔡仲. 数学文化学［M］. 成都：四川教育出版社，2000.

［5］KAPUR J N. 数学家谈数学本质［M］. 王庆人，译. 北京：北京大学出版社，1989.

［6］庞学光. 唯理性教育及其超越［M］. 天津：天津社会科学院出版社 1992.

［7］侯新昌，等. 在文化教育观念下彰显数学的人性光辉［J］. 数学教育学报，2014，23(5)：6-9.

［8］李莉，谢琳，王诗云. 关于两种极限定义方式在教学中的比较［J］. 数学教育学报，2002，11(4)：31-33.

［9］田孝贵，杨存洁. 关于高等代数的教材改革［J］. 数学教育学报，1999，8(1)：87-89.

［10］侯维民. 从数学方法论看高等代数与中学数学的多种联系［J］. 数学教育学报，2003，12(3)：84-87.

[11] 季素月，袁州．高中与大学数学课堂教学的比较研究[J]．数学教育学报，2005，14(3)，67-70.

[12] 郑毓信．问题解决与数学教育[M]．南京：江苏教育出版社，1994.

[13] 徐利治，王前．数学哲学、数学史与数学教育的结合[J]．数学教育学报，1994，3(1)：3-8.

[14] 郑毓信．数学教育哲学[M]．成都：四川教育出版社，1995.

[15] 张楚廷．数学文化[M]．北京：高等教育出版社，2000.

[16] 张宏如，沈烈敏．学习动机、元认知对学业成就的影响[J]．心理科学，2005，28(1)：114-116.

[17] 付夕联，等．关于 Jensen 不等式中的思想方法[J]．曲阜师范大学学报，1993，19(3)：79-82.

第11章　构建大学数学课程的几个原则

大学数学课程的改革是一个系统化问题，既要分析现代数学发展的特点，考察科技、社会发展对人才的需求，又要剖析现今大学数学课程的不足与缺陷，了解学生的实际状况与知识背景。据此我们指出构建大学数学课程体系的四个原则：数学知识的现代化原则；数学课程的综合性原则；论理数学与算法数学的互补性原则；层次性原则。

11.1　大学数学课程的现状分析

高等教育是建立在基础教育之上的高级专业教育。大学数学在高等院校特别是理工科院校中的地位和作用毋庸置疑。十几年来，尽管数学界、数学教育界从不同的角度、不同的侧面提出大学数学教育改革的一些基本思想，各高等院校也采取了相应的改革措施，但并没有从根本上改变大学数学教育的现状，大学数学的课程体系及其教学方法仍存在严重的不足与缺陷。首先从教材的内容结构来看，仍然沿袭着20世纪五六十年代苏联教材的结构体系，许多内容陈旧落后；其次，由于数学学科具有严密的逻辑性、较强的继承性和知识的系统性，在编写教材时，仅强调各数学学科自身的独立性、完整性，人为地淡化了各个数学学科之间的联系，忽视了数学与专业的联系，缺少针对性和层次性；特别是高校扩招后，学生的个性差异加大，传统的教材体系及其相应的教学方法更不能适应现代高等教育发展的需要。

研究者认为，大学数学课程改革是一项极其复杂的系统工程，构建大学数学课程体系，既要考虑数学自身发展的特点，还要适应社会、经济、科技发展的需要。探索相关的原则就成为大学数学课程改革顺利进行的必要前提。

11.2　构建大学数学课程体系的原则

11.2.1　数学知识的现代化原则

数学的发展从20世纪末开始进入了现代数学阶段。现代数学是以康托尔建立的集合论为基础，用公理化方法和结构观点统一发展起来的。不仅在广度上，而且在深度上大大超过了近代数学，体现出前所未有的特点。具体表现为处于数学核心部分的几个分支——代数、几何和分析学的内容发生了深刻的变化。代数学研究的重点不再是那些具体的运算结果和方程根的求解，而是各种代数系统的结构、关系、特性以及它们的分类，其中那些特殊的代数系统如群、环、域等抽象结构的研究成为抽象代数学研究的中心内容。几何学则是由研究原来的现实世界物体的空间形式和数量关系转化为对各种抽象空间的研究，使空间的概念更加普遍化、抽象化。特别是拓扑学的兴起，使几何学的研究呈现出崭新的面貌，拓扑学主要是研究几何图形在一对一连续变换下具有的不变性质，如曲线的闭合性、两直线的相交性、直线上点和线的结合性以及顺序关系等，而这些性质的研究与图形的度量性质和数量关系无关，这正是不同于一般几何学之所在。在科学技术中的许多问题都导致了空间连续性与连通性这类几何性质的研究，正是这种广泛的联系促进了拓扑学的蓬勃发展，并且拓扑学的理论又广泛地和数学其他分支的理论相结合，成为当今数学领域中最活跃的学科分支之一。随着分析学的基础学科——微积分的广泛应用，它的理论得到了长足的发展，作为其思想方法的直接延续和推广，产生了诸如级数论、微分方程、函数论、变分法等系列分支学科，而康托尔的无穷集合论的建立不仅为分析理论的严密性和系统性的研究奠定了基础，也为古典分析学的一般化创造了必要条件。伴随几何学空间概念的拓广和代数学中群论等一般理论的建立,在吸收分析学许多新分支所取得的成果的基础上,产生了一门新的学科——泛函分析,这门学科不仅把古典分析的基本概念和方法一般化了,而且还把这些概念几何化了,因此,泛函分析所研究的对象不再是某个具体的函数,而是具有某一特性和关系的“函数空间”,成为综合运用代数、几何和分析学研究方法的现代基础数学之一。现代数学已发展成为以抽象代数、拓扑学和泛函分析为“支柱”的知识体系。现代数学的迅速发展导致其应用范围的急剧扩大,现代数学已不再只是物理和工程两大基本用户,特别是计算机的出现,更加拓宽了数学的应用范围。在科学技术和社会的各个领域内,现代数学中的基本概念、基本方法日益显示出巨大的作用,如群、算子、泛函、空间、拓扑、张量、流形等现代数学概念已开始大量出现在科技文献中,日渐成为现代的科学语言,从而加快了科学数学化和社会数学化的进程。这就面临着现代数学知识的普及问题。

然而,就现阶段的实际状况来看,接受过大学数学教育的大学生所掌握的数学知识绝大部分都是19世纪以前的数学内容,而对于现代数学内容很少接触过,难以在此基础上进一步获取现代数学知识。2004年,教育部高教司在征求《关于进一步加强高等院校本科教学工作若干意见(征求意见稿)》修改意见中,明确提出要引导大学生开展多种学术观点、追踪本学科领域的最新进展,以提高自主学习和独立研究的能力。我们不可能也没有必要讲授所有的现代数学知识,过多地引入现代数学知识势必加剧了教学内容不断增加与学时不变或不断减少的矛盾,而且达不到应有的教学效果。为解决这一矛盾,就必须把大学数学从传统的数学演绎体系中解脱出来,即打破原有教材的知识结构,删掉陈旧过时、不合理的内容,压缩经典,根据学生未来的实际需要,精选相关的现代数学知识,渗透现代数学思想,重构教材的知识体系,达到以现代数学观念、思想和方法来理解传统教材知识的效果。因此，加强现代数学知识教育应体现出以下特点：

（1）基础性，即传授现代数学如抽象代数、拓扑学和泛函分析等基础学科中最基本、最重要的现代数学概念，在传统教材中渗透现代数学思想方法，以此为基础拓展学生的思维和视野，培养学生跨学科的迁移能力，最终驾驭新的数学学科的学习。

（2）前沿性，即反映出数学最新的发展成果，并且随着学生对知识、能力结构要求的变化而变化，注重用先进的教育观点调整和组织教材，使现代数学知识与经典内容以最佳的结合方式融合在一起，解决相对于科学技术知识的无限增长而教材内容相对稳定和教学时间有限的矛盾。20 世纪 80 年代初，美国在全国范围内掀起了大学微积分教材的全面改革，这次改革最终使原有的教材越编越厚、内容陈旧臃肿的情况得到了扭转，并与计算机技术进行了充分结合，由此导致了教学内容的较大变化，增加了更多的现实生活的例子，更多地渗透数学建模思想、数值逼近思想等内容；为使学生获得对微积分思想的深刻了解，教材体现出分析化、数值化和图形化的原则，这无疑给了我们良好的借鉴与启示。

11.2.2　课程的综合性原则

所谓课程综合化就是指课程结构中各学科之间多种多样的横向联系。其中常见的形式就是设立跨学科的课程，即按照两门或多门课程的内在联系，使之成为一门新的课程，主要表现为文理渗透和开设综合课程或联合课程。课程的综合化不仅是当前世界各国高等院校数学教育改革的发展趋势，也是现代数学发展的客观要求。事实上，同以往数学相比，现代数学还日益表现出高度综合的特点。纵观数学发展的历史，从特殊到一般、从一般到特殊始终是数学创造过程中所遵循的规律，正是现代数学研究对象的抽象化、一般化，才使各种不同的具有特殊研究对象和内容的新分支的建立成为可能，如从拓扑学出发，借助于不同的方法对研究对象的不同侧面进行抽象分别形成了代数拓扑、组合拓扑和模糊拓扑等分支。现代数学日益分化的结果导致了数学分支的急剧增多，形成了一个容纳一百多个分支的庞大的学科体系，并且，每一分支的研究内容愈来愈狭窄，研究的深度和广度也在不断地增加。但是，这些迅速分化出来的各个分支并不是绝对孤立地存在着的，而是在其发展过程中彼此相互影响、相互渗透，从而使现代数学又体现出日益综合的趋势。正如希尔伯特在 1900 年的国际数学家大会上所指出的："数学学科是一个不可分割的有机整体，它的生命力在于各个部分之间的联系。数学越是向前发展，它的结构就变得越加协调一致，并且，这门学科一向隔绝的分支之间也会显露出来原先意想不到的关系。"[1] 现代数学日益综合的特点主要体现在研究内容的统一性、研究对象的整体性以及研究方法的协同性。事实上，经过布尔巴基学派的不懈努力，今天的数学已被看作是由代数结构、序结构和拓扑结构组成的密切相连的一个整体。

人们长期把算术、代数、几何和分析看作是彼此分离的四大类，而且每一类都有各自独特的研究领域。这种分离不仅在数学教学过程中，而且在教科书的编写中都体现出来，使学生看不到数学学科之间内在的联系，更看不到数学课程中多种不同方法综合运用的结果，这一点对于数学专业的学生表现尤为突出，据此设置的数学课程体系的结构过于单一，封闭，很难反映出现代数学综合性特点。当然，数学课程的综合性不在于课程覆盖的学科分支的多少，也不在于其整体结构上是否存在明显的学科模块的痕迹，而是根据现代数学发展的这种综合性的特点，使课程的设计体现出各学科领域相互联系地加以学习的活动，强调综合性主题的学习，因此大学数学课程的综合性应体现出如下特点：

(1) 结构的开放性。构建综合课程的最终目的是提供数学与数学以及数学与其他学科、领域普遍联系的完整图景，以提高当代大学生的数学综合素质，这就决定了数学综合课程的结构必须是一个开放的体系，它要打破不同数学学科以及数学与其他学科、领域的界限，加强数学与社会的沟通，实现数学学科与学习者的内在统一。

（2）内容的统一性。现代数学发展的过程，实质上就是数学家追求统一美的过程，如克莱因提出的"爱尔兰根纲领"统一了形形色色的各种几何学，法国的布尔巴基学派利用结构思想把数学的核心部分统一了起来，等等，因此，以某一思想或方法为中心去组织课程的内容应成为大学数学综合课程的主要手段。

（3）方法的综合性。如上所述，现代数学发展的综合性还表现出研究方法的协同性，即科学技术领域中的许多课题往往需要综合运用多门数学学科方法才能解决，如系统优化的问题，就需要综合运用代数、分析、数理统计、运筹学以及计算机科学等多学科的方法才能解决，大学数学综合课程的构建还应突出强调大学生综合运用多学科方法解决实际问题的能力。

（4）全面性。即注重数学理论知识与数学思想方法、数学史之间的关系，强调数学理论知识与实际问题的结合，使学生各方面的能力全面均衡地发展，达到数学技术和数学文化的双重教育功能。美国许多高等院校已开始了数学综合课程的教育，如数学专业就开设了数论与信息论、向量演算与线性代数以及测量理论与积分法等综合课程。并且，美国各大学数学专业十分强调数学与哲学、数学与物理学之间的联系，这就为学生进一步深造和就业提供了充分条件。对于非数学专业的学生，笔者认为，除了公共数学课程和相应于专业数学基础课程外，还应增设本专业与数学相结合的综合课程。如经济学专业的学生应开设"经济数学模型"等课程，历史学专业的学生应增设"计量史学"，等等。从而为科技、社会进一步精确化、数学化开辟了道路。

11.2.3　论理数学与算法数学的互补性原则

在数学发展史上，有两种不同的数学相互交替地发展着，一种是源于古希腊的演绎数学，即论理数学；另一种是起源于古埃及、古巴比伦和古代中国的算法数学。这两种不同的数学在促进整个数学以及科学技术发展中都有着不可替代的作用。论理数学是一种严格的逻辑科学，其研究对象具有特定的性质，它们或存在或不存在，是根据存在高度一致的规则进行的智力游戏；算法数学是解题的工具，它不只考虑数学对象的存在，也考虑它存在的凭证。论理数学要求沉思，算法数学要求行动；论理数学产生洞察，算法数学产生结果[2]。正是由于这两种不同数学具有不同的特征，对于这两种数学的学习也就具有不同的教育意义。现阶段我国高等院校所讲授的数学课程实质上是希腊传统意义下的论理数学，具有算法特征的离散数学、统计以及估计、递归方法等课程学生很少学到。因此，学生基本上只习惯于公理系统思维方法，而对于充满创造力、想象力和开拓精神的算法构造思维方式却极不熟悉、很不习惯。另一方面，由于计算机的应用及计算机科学的迅猛发展，数学应用的对象空前地扩大了，大量的新的对象需要进行直观性很强的数学描述，并且计算机本来就是需要求出解的，所以实现可计算性、构造性就成为关键。事实上，使用程序语言是计算机的一个突出特点，而程序就是用一些适当定义的语言陈述出来的算法，因此一个计算机程序就代表一个算法，现代应用数学正是通过计算机作为中介，与算法紧密地结合在一起的。如此说来，以论理数学为主的数学课程结构是不能满足时代要求的。毫无疑问，除自觉地将算法数学的学习与训练渗透到现行的教材中外，还应增设与此有关的基础课程如数值分析、组合数学、图论等等。

11.2.4 课程体系的层次性原则

高等院校设置的专业种类繁多，不同的专业对数学知识的深度、广度和难度有不同的要求。然而，现行的大学数学课程突出强调了数学自身的独立性、完整性，如许多工科院校开设的微积分、线性代数、概率统计、复变函数等公共基础课程长期以来一直使用同一版本的固定教材，多年不变，缺少针对性和层次性，体现不出大学数学在高等院校中应有的地位和作用。特别是高等院校实行扩招后，学生的个性差异加大，在教学过程中仍然按照统一的教学大纲、统一的教材在同一时间内传授相同的教学内容，并且实行统一的考试方法，造成了专业需求与数学教学内容的严重脱节，并压制了学生个性特征的发展。因此，构建多层次的大学数学课程体系就迫在眉睫。首先，无论是单科数学课程还是综合数学课程，无论是必修课还是选修课，都应以高等院校的培养目标为前提，针对各专业结构的特点，根据学生的实际水平和爱好有针对性地建设多层次的教材。其次，大学数学在强调必修课和选修课的基础上，还应开设个人倾向课、学术讲座课，以此满足不同层次学生的实际需要。与此相应地采取多层次的教学方法，实施多层次的考核体系，以使每一个学生的数学素养都能得到充分的发展，达到因材施教的效果。例如，对于理工专业而言，可把高等数学课程划分为三个层次：以物理、电类、计算机等专业的高等数学为主作为第一层次，该层次的高等数学内容的广度、难度最大，应增加一定量的现代数学知识，既注重课程知识的理论性，又要重视数学知识的应用，挖掘概念、定理中的思想方法，强调解题方法的灵活性和多样性；以农工、化工、建筑、资环、生命科学等专业所学的高等数学作为第二层次，在该层次的高等数学中应适量地增加相关的现代数学知识，适当降低理论知识的难度，淡化教材中技巧性问题，突出定理或命题的更一般的证明方法，强调数学思想方法的实际应用；以经济、管理等专业的高等数学作为第三层次，在该层次的教材中，降低数学理论知识的难度的要求，突出数学的基本概念、基本原理和基本方法的掌握，能够利用数学思想方法解决一些实际问题，适量增加数学在经济、管理领域中的应用，强调数学的文化教育功能。

注：

[1] KAPUR J N. 数学家谈数学本质[M]. 王庆人，译. 北京：北京大学出版社 1989.

[2] 戴维斯 P J，赫什 R. 数学经验[M]. 王前，于晓群，等译. 南京：江苏教育出版社，1991.

第 12 章 “抽象代数”的教学改革

21 世纪是知识、经济、信息的时代，而知识、经济等依靠新的发现、发明和创新，其中创新是其核心。创新的实现取决于人的创新精神、创新意识和创新能力。因此高等院校作为培养创新型人才的重要阵地，应以培养学生创新能力为己任，加强对大学生创新素质的培养。为了实现这一目标，将课程建设和大学生实践创新训练计划项目结合在一起，以课程教学带动创新实践训练项目，以创新实践训练项目促动教学改革，形成了创新型人才培养的良性循环模式。“抽象代数”课程是数学专业的一门重要的必修课程。随着社会对厚基础、重能力、创新型人才的需求，“抽象代数”的重要性就显得尤为突出。因为它是数学之基础，也是跨向其他学科的桥梁。有了它就可以深入研究代数几何学、交换代数学，也可以将这门学科渗透到计算机科学、信息工程学等学科之中。特别地，作为它的一个应用 Gröbner 基已经渗透到统计学和医学等领域。结合该课程的特点，在教材建设、教学方式改进以及创新型人才培养方面谈一下设想。

12.1 以国际化视野结合国内同类课程具体情况进行教材建设

12.1.1 自编《抽象代数》教材

一门课程的学习，教材的选取非常重要。根据“抽象代数”课程的特点以及教学的实际情况，可编写一部《抽象代数》教材。该教材特点是便于研讨课的实施，通过问题各种不同的“提问”形式给学生留有思考和研讨空间。在教材内容选取方面：① 添加“中国剩余定理”（老版本的《抽象代数》教材一般没有这个内容，然而国外的《抽象代数》均有此内容)。② 将代数学另一个重要概念“模”编入其中。因为模是环上的向量空间,它已成为代数学中(如群、环、域一样的)最基本的概念之一,而且用模可在更高层次上讨论一些问题[1]。

12.1.2 自编具有研讨性质的习题册

根据多年的教学实践经验的积累和总结,将一些探讨的问题可编写一部研讨习题册。该研讨习题册的特点在于(它不同于一般的习题集)给学生很大的思考空间和提升空间。考虑到该课程本身重要性、抽象性的特点,课堂上触及而又不能深入探讨的问题以及研讨习题册上的问题都是通过研讨课完成的。这样不仅使学生们对概念的理解更深入一步,同时还调动了他们思考问题的积极性。

12.1.3 制作“抽象代数”多媒体课件

作为课堂教学的辅助工具可制作一套“抽象代数”多媒体教学课件。考虑到该课程的“抽象”特点,在实际讲授时,必要的部分还是采用板书形式,但在总结归纳、用到前面知识以及进行内容对比(如环的同态基本定理与群的同态基本定理对比)时,课件起到了不可或缺的作用,为“抽象代数”的授课赢得了时间。

12.1.4 建设教学资源库,为学生科技创新营造更广阔的空间

科学的教学手段离不开先进的科学技术。在网络、信息化时代,教师要借助网络平台为学生开辟一个除课堂以外又一个可以获得“抽象代数”知识的空间,并为大学生科技创新搭建良好的平台。通过网络平台将试题库、习题集、习题解答、课件、教学参考、前沿动态等植入其中。教材、教学大纲、教学日历、教学总结、学生的小论文等均上线,真正实现教学资源的共享:

(1) 试题库是由教师自己根据每年考题以及参考兄弟院校考题编写的。

(2) 教学参考书选自数学大家编著的经典教材以及学习指导方面的书籍。

(3) 文献资料和前沿发展动态主要是根据团队中的教师出国参加学术会议或访学期间收集的最新资料及一些有趣的研究问题编写的。目的是让学生了解此学科发展的最新动向和与其相关联的学科,并为接下来的创新实践训练计划项目的实施与完成营造更广阔的空间。

(4) 资源库中设立了一个“数学与文化”专栏,以此促进数学素质教育。在有限的学时内,教师主要以传授数学知识为主,很少讲授数学文化方面的内容,以至于有些学生即便修了很多数学课程也不能很好地把握数学知识的整体以及数学的思想与方法,然而这些恰是学生终身受益的关键所在。基于这方面考虑,我们在该专栏放入“数学家、数学史、数学美、数学发展中的人文成分、数学与社会的联系、数学与各种文化的关系”[2]等相关资料,学生从中“既能感觉到社会进步对数学发展的整体推动作用,又能体会到数学发展对社会文明与进步的积极促进作用”[3]。此外,资源库里面还放有团队教师发表于《数学译林》以及《数学与人文》期刊的译文和翻译的有关数学与人文方面的一些好文章,可让学生们从中了解国外的数学与人文方面的情况。

12.1.5 增加“抽象代数”研讨课环节,促进教学方式的改革

传统的教学方式都是教师讲、学生听为主要模式,即便用启发式教学也是教师在讲,学生始终处于被动地位。究竟有多少学生听懂课堂的内容以及有多少学生真正是通过自己主观上积极思考弄懂内容的,作为教师并不是很清楚(这从另一个角度讲也不利于人才的发现)。基于这种情况以及“抽象代数”课程的特点,可以在人数少的班级试点,增加研讨课环节,每章结束后都有一次研讨课。对于平时课堂上触及而又不能深入探讨的问题以及一些有思考空间的问题都留在研讨课上完成。比如,可对以下问题进行研讨:

(1) 对于一般线性群 $GL(n,C)$ 和特殊线性群 $SL(n,C)$ 大家都熟知，那么令 T 表示 $GL(n,C)$ 中所有 $\det(A)=2$ 的 n 阶可逆复方阵全体组成的集合时，$(T,\cdot)$ 是否还构成群？为什么？

(2) 在讲到环时，将环与其子环以及群与其子群的一些性质做对比。群 G 与其子群 H 的单位元相同，而环 R 与其子环 S 不具有这种性质。首先对于环并没有要求它必须含有单位元（这是与群的不同点），即使对含有单位元的环来说，其子环 S 也未必有单位元[例如对于数的加法"＋"和乘法"·"，$(2Z,+,\cdot)$ 是 $(Z,+,\cdot)$ 的子环，$(Z,+,\cdot)$ 的单位元是 1，而 $(2Z,+,\cdot)$ 没有单位元]。即使有单位元也未必相同[例如对于环 $(Z_6,+,\cdot)$，令 $S=\{\bar{0},\bar{2},\bar{4}\}$，易证 $(S,+,\cdot)$ 是 $(Z_6,+,\cdot)$ 的子环。$(Z_6,+,\cdot)$ 的单位元是 $\bar{1}$，而 $(S,+,\cdot)$ 的单位元是 $\bar{4}$]。那么问题出现在哪里呢？

通过这些问题，引发学生思考，提高学生的兴趣。

12.2 结合课程建设与改革，指导大学生科技创新项目以培养创新型人才

人才的培养是一个系统工程。市场的竞争实际上就是人才的竞争。为了培养创新型人才，采取把前沿东西带入课堂（因为"创新"总是和"前沿"紧密相连的），让学生感之，认之，用之。这里的课堂是广义上的课堂，是通过以下三种方式带入课堂的。

(1) 授课时带入课堂；

(2) 指导大学生科技创新或毕业设计时带入课堂；

(3) 指导研究生时带入课堂，详见图 12.1。

课题组成员身体力行，带领一些本科尖子生进行省级大学生科技创新项目，并取得了优异的成绩。值得一提的是在进行省级科技创新时确实对一些子问题有很大的突破。如用"抽象代数"中的多项式环的知识，引入 Gröbner 基的概念，又用 Gröbner 基的知

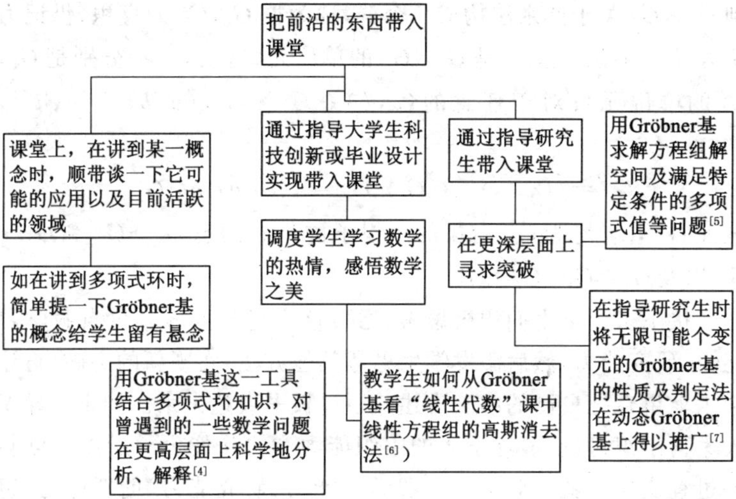

图 12.1

识在更高层面上科学地解释了一些曾经遇到的问题。此外在指导研究生创新时也取得了很多成绩。学生通过创新以第一作者分别在核心期刊、SCI 检索期刊上发表科研论文数篇。

下面通过案例说明创新型人才的培养过程。

首先,教师通过研讨课营造一个研讨的氛围,给出如下思考题:已知 G 是群,$H_i \leqslant G(i=1,2,3,\cdots,n)$,则 $\bigcap H_i(i=1,2,3,\cdots,n)$ 仍然是 G 的子群,但是,$\bigcup H_i(i=1,2,3,\cdots,n)$ 未必是 G 的子群。为什么呢？如果 $H \subseteq G, K \subseteq G$,要想 $H \bigcup K$ 也是 G 的子群,需要满足怎样的条件呢？

另外,再给一类可类比的题,如维持原形不变在讲环论时得到与群论的平行结论。

设 G_1, G_2 是群,在集合 $G_1 \times G_2$ 中定义乘法

$$(a_1, a_2) \cdot (b_1, b_2) = (a_1 b_1, a_2 b_2)$$

则 $G_1 \times G_2$ 关于此乘法构成一个群,称为群 G_1, G_2 的直积,仍记为 $G_1 \times G_2$。显然 (e_1, e_2) 是 $G_1 \times G_2$ 的单位元(这里 e_1, e_2 分别是 G_1, G_2 的单位元);对于任意的 $(a,b) \in G_1 \times G_2$, $(a,b)^{-1} = (a^{-1}, b^{-1})$。令

$$G_1' = \{(a, e_2) \mid a \in G_1\}, G_2' = \{(e_1, b) \mid b \in G_2\}。$$

试证 G_1', G_2' 均为 $G_1 \times G_2$ 的正规子群且有同态 $G_1 \to G_1'$ 和 $G_2 \to G_2'$ 以及 $G_1 \cong G_1'$, $G_2 \cong G_2'$。

接下来让学生们积极思考,通过这个过程实践学生自我学习能力、研究能力,然后激发学生思考其他方法,实现新的突破,再让学生上讲台把自己的解法讲述并通过板书表达出来。如果有异议大家再组织讨论,锻炼学生的组织能力和协作能力。所以说创新的过程实质上就是对学生自我学习能力、研究能力、创新能力、组织能力、协作能力和表达能力的一个提升过程,也是提倡合作,奉献精神的一个过程。这是培养创新型人才不可或缺的一个重要环节(见图 12.2)。

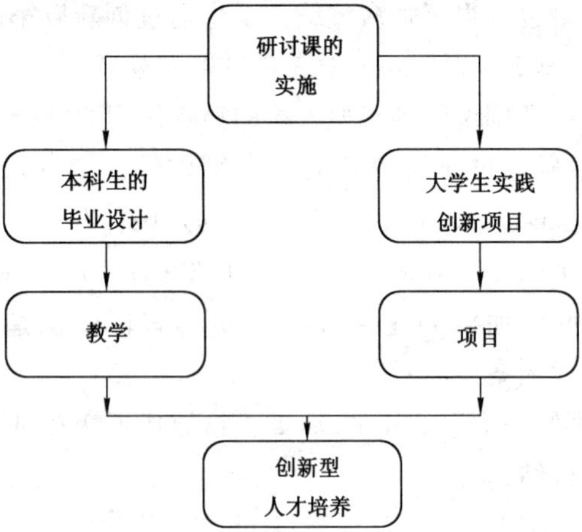

图 12.2

实践再次告诉我们“抽象代数”课程建设中教材建设、教学方式改革以及创新人才的培养是一个不可分割的有机体。

注：

[1] 唐忠明. 抽象代数基础[M]. 北京：高等教育出版社，2006.
[2] 张立卓. 在精品课程“概率论”建设中实施素质教育的创新构想与举措[J]. 数学教育学报，2014，23(5)：79-83.
[3] 周明儒. 数学与人文交融课程体系建设的实践与思考[J]. 数学教育学报，2011，20(5)：3.
[4]王羡，马文超，周建洋. Gröbner 基的一个应用[J]. 高等数学研究，2014，17(1)：50-53.
[5] 王羡，周建洋，龙霞. Gröbner 基与联立方程式的解法[J]. 中国矿业大学学报，2013，42(2)：326-330.
[6] 王羡，逄世友，王志俊，等. 从 Gröbner 基看线性方程组的高斯消去法[J]. 中外教育研究，2012，501(8)：45.
[7] 王羡，周建洋，马文超. 无限可数个变元多项式环上的动态 Gröbner 基[J]. 山东大学学报(理学版)，2013，48(6)：38-41.

第13章 “代数与几何”课程教学中的几点探讨

作为平台课程的“代数与几何”是数学、物理和力学专业的基础必修课。随着近代科学技术的发展,“线性代数”中的许多概念(如矩阵、线性变换等)与方法已深入到科学技术的各个领域,而几何学是研究空间事物的形状、位置与性质的最基础的科学,它对人们思维能力的培养、对客观事物的认识的重要性是不言而喻的。这门课程能否学好直接影响到后继课程的学习,乃至创新能力的提高。学习数学不是熟记一些概念或者会做几道题,学习它的主要目的是掌握数学思维方法,用数学的思维方式处理实际应用中遇到的问题。要学好这门课程,除改进教学方式与教学方法外,培养学生的兴趣和形成好的学习方法也很重要,为此我们做了以下尝试。

13.1 培养学生学习兴趣,激发他(她)们的学习热情

数学的学习过程特别是学习之初是单调枯燥的,这就需要激发学生的兴趣。如何培养大学生学习数学的浓厚兴趣应是现今大学数学课堂教学改革的关键。兴趣,是人的意识的内在动力,兴趣能对人类活动产生持久的影响,是欲望和意志的源泉。孔子说过:“知之者不如好之者,好之者不如乐之者。”鉴于“代数与几何”是面向数学、物理、力学专业的大一新生开设的基础课,我们在课程的绪论、课程内容及其在生产实践的应用上重点讲解,一方面让学生学习本课程之初,就知道本课程对自己所学专业的重要性,另一方面也让学生知道数学不是孤立的,它与其他学科是相互渗透、紧密

联系的，在后续的学习过程中通过实例激发他们探求知识的热情。

13.2　注重启发式教学

对许多学生而言，数学是一门枯燥无味、晦涩难懂的学科，其实只要教师具有坚实的数学理论基础，深厚的数学文化底蕴，并具备一定的教师专业实践能力，数学课同样能妙趣横生、生动引人。针对数学类课程的特点，必须选择适当的教学方式和教学方法。不可否认，启发式教学在当今数学课堂教学中仍然占主导地位，如何在课堂中运用这一方法才是关键。在教学中把问题作为教学过程的出发点，即设置启发式问题（有时是出乎学生意料的）或衔接性问题（能够揭示新旧知识内在联系的问题），创设问题情形，造成问题与学生认知上的冲突，以此激发学生的学习动机。正是这种教学设计才使得学生始终处于一种积极主动的探求真理、获取知识的状态。在这种学习过程中，学生才真正地学会了独立地思考，因此充分发挥学生的主体性、主观能动性，才能达到启发式教学应达到的教学效果。

譬如，“代数与几何”中的“三秩定理”是所有学生都熟知的一个定理，即：对一个矩阵，其秩＝列向量的秩＝行向量的秩。此定理证明比较容易，学生基本上都能接受。但如果我们讲完这个定理之后，再启发学生思考这样的问题：矩阵的秩原本是从 n 阶子式引入的（也即从行列式角度考虑的），而其列向量组的秩是从极大线性无关组考虑的（即从线性相关性考虑的），表面上看二者之间没有任何关系，那么是什么将它们联系起来的呢？这样一问，学生不仅要重温整个证明过程，而且还要认真思考证明过程中的思想精髓。好的学生会想到，老师在讲这部分内容时总是把方程组及其等价的矩阵方程与等价的向量方程结合起来讲，即对于方程组：

$$\begin{cases} a_{11}x_1+a_{12}x_2+\cdots+a_{1n}x_n=0 \\ a_{21}x_1+a_{22}x_2+\cdots+a_{2n}x_n=0 \\ \vdots \\ a_{m1}x_1+a_{m2}x_2+\cdots+a_{mn}x_n=0 \end{cases}$$

$\Leftrightarrow$矩阵方程 $\boldsymbol{AX}=0$

$\Leftrightarrow$向量方程

$$\alpha_1x_1+\alpha_2x_2+\cdots+\alpha_nx_n=0$$

这里 $$\boldsymbol{A}=(a_{ij})_{m\times n}=\begin{bmatrix} a_{11} & a_{12} & \cdots & a_{1n} \\ a_{21} & a_{22} & \cdots & a_{2n} \\ \vdots & \vdots & & \vdots \\ a_{m1} & a_{m2} & \cdots & a_{mn} \end{bmatrix}$$

$$=(\alpha_1,\alpha_2,\cdots,\alpha_n)$$

$$\alpha_j=\begin{pmatrix} a_{1j} \\ a_{2j} \\ \vdots \\ a_{mj} \end{pmatrix},j=1,2,\cdots,n。$$

只有零解$\Leftrightarrow\alpha_1,\alpha_2,\cdots,\alpha_n$ 线性无关。

而方程只有零解意味着矩阵 $\boldsymbol{A}$ 中至少有一个 $n(n\leqslant m)$阶子式不为零，即$|\boldsymbol{A}_{n\times n}|\neq0$，这就是问题所在。

13.3 抽象问题形象化处理

对于“代数与几何”来说，它是从解线性方程组引入的，并利用矩阵作为其工具。原本抽象的秩却与方程组的解的存在性、唯一性有着如此密切的联系，特别是通过“三秩定理”，使我们对方程组的解有更新的认识。如果将这部分内容结合几何中的平面来讲解，不但能将抽象的概念形象化，而且还能直接明了地解释它们之间的内在联系。这对于知识的运用和掌握都有好处。例如，我们以三元线性方程组为例，将构成方程组的每个方程看作空间平面时，得到下面的启发：

将这三个平面 π_1,π_2,π_3 表示成

$$\pi_i: a_{i1}x+a_{i2}y+a_{i3}z=b_i, \quad i=1,2,3$$

显然点 $P_0(x_0,y_0,z_0)$ 在 π_i 上 $\Leftrightarrow x_0,y_0,z_0$ 是方程的解，即

$$a_{i1}x_0+a_{i2}y_0+a_{i3}z_0=b_i$$

令 $A=(a_{ij})_{3\times 3}, b=(b_1,b_2,b_3)^{\mathrm{T}}, u=(x,y,z)^{\mathrm{T}}$，则三个平面间的关系就化为方程组 $Au=b$ 解的存在性问题，而求平面的交点或交线就化为方程组 $Au=b$ 解的唯一性问题，并有如下结论：

(1) π_1,π_2,π_3 交于一点 $\Leftrightarrow$ 方程组 $Au=b$ 有唯一解 $\Leftrightarrow r(A,b)=r(A)=3$。

(2) π_1,π_2,π_3 重合 $\Leftrightarrow$ 方程组 $Au=b$ 有无穷多解，并且只有一个独立的方程 $\Leftrightarrow r(A,b)=r(A)=1$。

(3) π_1,π_2,π_3 交于一条直线 $\Leftrightarrow$ 方程组 $Au=b$ 有无穷多解并且有两个独立的方程 $\Leftrightarrow r(A,b)=r(A)=2$。

(4) π_1,π_2,π_3 平行 $\Leftrightarrow$ 方程组 $Au=b$ 无解 $\Leftrightarrow r(A,b)\neq r(A)=1$。

通过三个平面的位置关系解释方程组的解的情况以及其系数矩阵和增广矩阵的秩的关系，不仅对于学习“代数与几何”是必要的，而且对于学习“线性代数”也是必要的，它易于学生们对概念的理解，并搞清楚它们之间的关系。

13.4 教会学生学习方法

古人说授人以鱼，只供一饭之需，教人以渔，则将终生受用无穷。大学一年级的学生还习惯于中学的学习方法，独立看书少，很少到图书馆查阅资料。沿袭中学时代的题海战术，只一味大量做题，数学思维不能系统建立起来，解决问题能力较差，对大学快节奏的教学不能完全地适应。这势必造成他们很多的困惑，特别有些在中学学习优秀的学生亦是如此，因此教会他们正确的学习方

法是很重要的。针对“代数与几何”的特点要求学生课前预习(不懂的,作一标记);上课认真听讲,注意老师概念的引入,以及分析问题的思路和解题方法;课后认真复习,一定要多看几遍教科书,认真弄懂概念之后再做题;学会自己总结归纳。另外要给自己制定近期以及远期的学习目标和学习计划,这样有了目标和计划就有动力,养成了良好的学习习惯,一定能取得优异的成绩。

13.5 关于零因子与消去律的探讨

定义 13.1 设 R 是一个非空集合,R 上有两个代数运算,加法“+”和乘法“·”,如果这两个代数运算满足下列条件:

① $(R,+)$构成一个交换群;

② 乘法“·”适合结合律;

③ 乘法对加法适合分配律,即对 $\forall a,b,c\in R$,都有

$$a\cdot(b+c)=a\cdot b+a\cdot c,(b+c)\cdot a=b\cdot a+c\cdot a,$$

则称$(R,+,\cdot)$构成一个环。

定义 13.2 设$(R,+,\cdot)$是一个环,$a\in R$ 且 $a\neq 0$,如果存在 $b(\neq 0)\in R$,使得 $ab=0$,则称 a 是一个(左)零因子。

定理 13.1(消去律) 设 $a,x,y\in R$,如果 $ax=ay$ 且 $a\neq 0$,则 $x=y$。

由 $ax=ay\Leftrightarrow a(x-y)=0$,故消去律可看成下面的形式。

定理 13.2 设 $a,x,y\in R$,如果 $az=0$,且 $a\neq 0$,则 $z=0$。

显然复数没有(0 以外的)零因子,所以消去律成立(注:以下将复数、实数称为普通数)。

矩阵关于矩阵的加法和乘法构成了环,而且是非交换的。试看下面两个例题。

例 13.1 试比较下面两式

$$\begin{pmatrix}1&1\\0&1\end{pmatrix}\begin{pmatrix}1&2\\3&4\end{pmatrix}=\begin{pmatrix}4&6\\3&4\end{pmatrix}$$

$$\begin{pmatrix}1 & 2\\3 & 4\end{pmatrix}\begin{pmatrix}1 & 1\\0 & 1\end{pmatrix}=\begin{pmatrix}1 & 3\\3 & 7\end{pmatrix}$$

即对普通数成立的交换律 $AB=BA$，对矩阵的乘法不成立(与普通数不同之一)。

例 13.2　设 $A=\begin{pmatrix}-2 & 3\\0 & 0\end{pmatrix}$，$B=\begin{pmatrix}3 & -6\\2 & -4\end{pmatrix}$，则有

$$AB=\begin{pmatrix}-2 & 3\\0 & 0\end{pmatrix}\begin{pmatrix}3 & -6\\2 & -4\end{pmatrix}=\begin{pmatrix}0 & 0\\0 & 0\end{pmatrix}$$

而 $A\neq 0$，$B\neq 0$，所以 A 和 B 是零因子，矩阵环中有无数个零因子(与普通数不同之二)。

定理 13.3　$\begin{pmatrix}a & b\\c & d\end{pmatrix}$是零因子$\Leftrightarrow ad-bc=0$。

证明：设 $A=\begin{pmatrix}a & b\\c & d\end{pmatrix}$。

($\Rightarrow$)由条件知 A 是零因子，即存在 $X(\neq\begin{pmatrix}0 & 0\\0 & 0\end{pmatrix})\in M_2(C)$，

$AX=\begin{pmatrix}0 & 0\\0 & 0\end{pmatrix}$。

又由 $|AX|=0\Rightarrow|A|=0$ 或 $|X|=0$。

若 $|A|\neq 0$，则 A 可逆，由 $AX=\begin{pmatrix}0 & 0\\0 & 0\end{pmatrix}$必有 $X=\begin{pmatrix}0 & 0\\0 & 0\end{pmatrix}$矛盾，所以必有 $|A|=0$，即：$ad-bc=0$(注：$M_2(C)$表示复数域上所有二阶方阵的集合)。

($\Leftarrow$)反之 $ad-bc=0\Rightarrow|A|=0$，(注意 $A\neq 0$) $\exists X\neq\begin{pmatrix}0 & 0\\0 & 0\end{pmatrix}$使得

$AX=\begin{pmatrix}0 & 0\\0 & 0\end{pmatrix}$。(不然 $AX\neq\begin{pmatrix}0 & 0\\0 & 0\end{pmatrix}\Rightarrow|AX|\neq 0\Rightarrow$

$|A||X|\neq 0$(而$|A|=0$)矛盾),故 A 是零因子。因此矩阵的消去律不成立。

我们已经看到矩阵有无数个零因子,因为矩阵的乘法和普通数的乘法有相当的不同,接下来我们考虑剩余类环 $Z/5Z$ 和 $Z/6Z$,由于

$$Z/5Z=\{\bar{0},\bar{1},\bar{2},\bar{3},\bar{4}\},\ Z/6Z=\{\bar{0},\bar{1},\bar{2},\bar{3},\bar{4},\bar{5}\}。$$

对于 $Z/6Z$ 来说,$\bar{2}\cdot\bar{3}=\bar{0}$ 而 $\bar{2}\neq\bar{2}$,$\bar{3}\neq\bar{0}$,说明 $Z/6Z$ 有零因子,因而关于消去律不成立。仔细考虑一下($\bar{6}$ 能分解为:$\bar{6}=\bar{2}\cdot\bar{3}$,而 $\bar{5}$ 不能分解成两个小于 $\bar{5}$ 的"数"的乘积)。

定理 13.4 对于 Z/mZ 消去律成立$\Leftrightarrow n$ 是素数。

定义 13.3 形如

$$a_nx^n+a_{n-1}x^{n-1}+\cdots+a_1x+a_0$$

叫作关于 x 的(复系数)多项式。这里 $a_0,a_1,\cdots,a_n$ 是复数,用 $C[x]$表示所有多项式的集合。如 $x+1\in C[x]$,多项式的和、差、积仍是多项式,多项式关于其"+"和"·"构成的环叫多项式环。同样也可考虑变量是两个及两个以上的多项式,例如对于变量为 x,y 的多项式的集合,记为 $C[x,y]$,如 $x-xy^2\in C[x,y]$,在多项式环中乘法的消去律成立。

$Z/5Z$ 是在集合上加上了"$\bar{5}=\bar{0}$"的规则,$\bar{5}=\bar{0}$,所以 $\bar{7}=\bar{2}$,$\bar{7}\cdot\bar{2}=\bar{2}\cdot\bar{2}=\bar{4}$。同样地,将这一规则加到多项式集合上考虑。

$C[x]/(x^4)$,在这里将规则 $x^4=0$ 加到 $C[x]$上考虑,这样当 $n>4$ 时,$x^n=0$。$C[x]/(x^4)$仅表示 $a_3x^3+a_2x^2+a_1x^1+a_0$ 的 3 次及 3 次以下形式,$C[x]/(x^4)$对于消去律不成立(因为 $x^2\neq 0$,$x^2\cdot x^2=x^4=0$)。

$C[x]/(x-2)$,将规则 $x-2=0$ 加到 $C[x]$上考虑,因为

$$x=2,x+1=3,x^2+x+1=4+2+1=7,$$

重要的是将多项式中的 x 用 2 代入，这是 $C[x]/(x-2)$ 的关键点，这意味着可将 $C[x]/(x-2)$ 与 C 同样地考虑，因此 $C[x]/(x-2)$ 不存在 0 以外的零因子，消去律成立。

$C[x,y]/(x^2+y^3)$，将规则 $-x^2=y^3$ 加到 $C[x,y]$ 上考虑，x 的 2 次以上的项可用 y 表示，在这里，实际上消去律成立，因为考虑第 3 个变量 ω，将 x 换成 ω^3，y 换成 $-\omega^2$，即 $-(\omega^3)^2=(-\omega^2)^3$。

$C[x,y]/(x^2+y^3)$ 在 $C[\omega]$ 中被考虑。像这样加上规则仅是稍微变化一下计算法则做成的(集合)叫剩余环，特别像上面那样的多项式集合，仅给 1 条规则做成的叫超曲面。

前面所讲的矩阵都是普通数上的，现在考虑多项式环上的矩阵。如两矩阵相乘

$$\begin{pmatrix} y & 0 \\ 0 & x^2 \end{pmatrix}\begin{pmatrix} y & x+1 \\ x^2 & xy \end{pmatrix}=\begin{pmatrix} y^2 & y+xy \\ x^4 & x^3y \end{pmatrix}$$

即使多项式矩阵与数矩阵一样有无数个零因子，然而要想给出零因子的特征并非是件容易的事情。数矩阵的情形，是否有零因子是根据其行列式是否为 0 来判断，即是否有逆矩阵。考虑多项式矩阵 $\begin{pmatrix} y & 0 \\ 0 & x^2 \end{pmatrix}$，它不是零因子，它也没有逆矩阵，虽然

$$\begin{pmatrix} y & 0 \\ 0 & x^2 \end{pmatrix}\begin{pmatrix} 1/y & 0 \\ 0 & 1/x^2 \end{pmatrix}=\begin{pmatrix} 1 & 0 \\ 0 & 1 \end{pmatrix}=E$$

但 $\begin{pmatrix} 1/y & 0 \\ 0 & 1/x^2 \end{pmatrix}$ 中的成分 $1/y$，$1/x^2$ 已经不是多项式了。即 $\begin{pmatrix} 1/y & 0 \\ 0 & 1/x^2 \end{pmatrix}$ 不是多项式矩阵了。多项式矩阵的分类与各种各样有趣的问题相关。

第 14 章　大学数学教师应具备的基本能力
——编制数学习题的能力

在数学教育活动中，解题是最基本的活动形式，无论是学生对数学概念、数学定理及公式的掌握，数学方法和技能技巧的获得，还是学生智力的培养和发展，都离不开问题解决，通过解题也可以评价学生的知识水平和能力发展状况。因此问题解决是学生学好数学的基本而又重要的实践活动。尽管目前各种各样的试题库应运而生，但教师在平时训练学生时需要结合具体教学内容及时编出“有效的”习题或例题，不能生搬硬套来调取试题库中那些牵强附会的题目，否则就会淡化所授基本内容，造成事倍功半的效果。这里的“有效”是指教师不是盲目地模仿例题编出几道大同小异的试题，而是编写出启发学生思维、有助于学生数学发现的开放性问题。

14.1　编制数学习题的原则

14.1.1　指导性原则

编制数学习题的形式、内容和难度是随教学目的的不同而不同的。如果是为了巩固所学知识和基本技能，应编制具有合理条件和固定答案的习题（关于这类习题的具体编制方法不少学者已做了大量的工作，故此处不再赘述）；若是为了深化对知识的理解，培养学生的创造性思维能力，应编制出开放性习题，即可以在不同的经验和能力水平上，通过数学抽象、归纳、类比联想、一般化及特殊化等手段，编出既新颖又独具特色的例题或练习题。

14.1.2 科学性原则

所谓编制习题的科学性[1]是指：

① 有关概念必须被定义；

② 有关记号必须被阐明；

③ 条件必须充分且不矛盾；

④ 条件必须独立且最少；

⑤ 叙述必须清晰；

⑥ 要求必须可行。这是因为处于不同学习阶段的学生具有不同的知识水平和技能，所以数学习题的要求必须考虑到可行性。

可见，科学性原则指明的条件最少、结论简单、条件和结论不矛盾等是数学方法论中的简单美、统一美及和谐美的具体体现。编制数学习题也不例外，数学美是我们编制数学习题的总的指导思想。

14.2 编制数学习题的方法

14.2.1 运用关系定性特殊化原则

关系定性特殊化原则[2]是在原型中引入新特征强化原型从而获得更为特殊的数学模式，这种特征又往往是通过在原型中引入某种新的关系（如映射、运算等）得以确定的。这一原则实际上就是强调了由一般到特殊的转化方法，不过原则明确提出了“转化”的具体方法，所以不能笼统地称该方法为特殊化方法。根据该原则编制的习题有助于培养学生把知识内容“逻辑地”组合起来的能力，进而培养学生的逻辑推理能力。

例 14.1 设 $a_i, b_i (i=1,2,\cdots,n)$ 为实数，称不等式

$$\left(\sum_{i=1}^{n} a_i b_i\right)^2 \leqslant \left(\sum_{i=1}^{n} a_i^2\right)\left(\sum_{i=1}^{n} b_i^2\right)$$

为柯西不等式，当且仅当 $\frac{b_1}{a_1}=\frac{b_2}{a_2}=\cdots=\frac{b_n}{a_n}$ 时等号成立。

若在本题中强化原型，即引入新特征 $b_1=b_2=\cdots=b_n=1$，则有：

$$\left(\frac{a_1+a_2+\cdots+a_n}{n}\right)^2\leqslant\frac{a_1^2+a_2^2+\cdots+a_n^2}{n}。$$

于是我们即可编出如下题目：

设 $a_i(i=1,2,\cdots,n)\in R^1$，试证：$\sum\limits_{i=1}^{n}a_i^2\geqslant n\left(\frac{\sum\limits_{i=1}^{n}a_i}{n}\right)^2$。

例 14.2 （定积分的中值定理）若 $f(x)$ 在闭区间 $[a,b]$ 上连续，则在 $[a,b]$ 上至少存在一点 ξ，使得

$$\int_a^b f(x)dx=f(\xi)(b-a)。$$

若我们改变 $f(x)$ 的连续性区间为 $[0,a]$，引入新特征：

$$f(x)+f(a-x)>0,\forall x\in[0,\frac{a}{2}],$$

则由定积分的性质知

$$\begin{aligned}\int_0^a f(x)\mathrm{d}x&=\int_0^{\frac{a}{2}}f(x)\mathrm{d}x+\int_{\frac{a}{2}}^a f(x)\mathrm{d}x\\&=\int_0^{\frac{a}{2}}[f(x)+f(a-x)]\mathrm{d}x\\&=[f(\xi)+f(a-\xi)]\frac{a}{2}>0,\end{aligned}$$

即 $\int_0^a f(x)\mathrm{d}x>0$。于是可编制如下习题：

设 $f(x)$ 为 $[0,a]$ 上的连续函数，且当 $0\leqslant x\leqslant\frac{a}{2}$ 时，$f(x)+f(a-x)>0$，证明：$\int_0^a f(x)\mathrm{d}x>0$。

利用关系定性特殊化原则编题时，在原型中引进的新特征可以是等式，也可以是不等式，还可以是新概念等，这样原型的已知

条件加强，再运用已知条件间的逻辑关系，通过演绎推导获得新结论。

14.2.2　运用特性分离一般化原则

特性分离一般化原则[2]是指由原型中选取某一特征或侧面加以抽象，从而形成比原型更为普遍、更为一般的概念或理论，并使前者成为后者的特例。从哲学角度讲，这种方法就是由特殊到一般的思维模式。利用该法编制的习题有助于培养学生的弱抽象思维能力，尤其是数学建模能力。培养大学生数学建模能力是我们大学教师一直努力的方向。

例 14.3　我们已经知道 $\lim\limits_{n\to\infty}\int_0^1 \frac{x^n}{1+x}\mathrm{d}x = 0$，若对被积函数 $\frac{x^n}{1+x}$ 一般化为 $\frac{x^{n\alpha}}{1+x^\alpha}$，$\forall \alpha \in R^+$，则有如下更一般的极限形式：

$$\lim_{n\to\infty}\int_0^1 \frac{x^{n\alpha}}{1+x^\alpha}\mathrm{d}x = 0。$$

例 14.4　若已知如下题目：

设 $f(x)$ 在闭区间 $[a,b]$ 上连续，$f''(x)>0$，试证对于任意 x_1，$x_2\in[a,b]$，有

$$\frac{f(x_1)+f(x_2)}{2}\geqslant f\left(\frac{x_1+x_2}{2}\right)。$$

由此我们可把该题结论作一般化推广，即可编如下习题：

设 $f(x)$ 在闭区间 $[a,b]$ 上连续，$f''(x)>0$，则对于 $[a,b]$ 中 n 个点 $x_1,x_2,\cdots,x_n$，有

$$\frac{f(x_1)+f(x_2)+\cdots+f(x_n)}{n}\geqslant f\left(\frac{x_1+x_2+\cdots+x_n}{n}\right)。$$

14.2.3　逆向分析法

此法就是在原命题成立的前提下，考察其逆命题是否成立。若成立，即可编出一道习题；若不成立，再强化一下逆命题的条件，

考察此时是否成立。逆向分析法是数学发现的重要方法之一,是获得等价命题的重要方法。

例 14.5 已知如下题目:

若 $f(x)$ 在 $[a,b]$ 上连续,且 $f(x)\equiv 0$,则必有 $\int_a^b f(x)\mathrm{d}x=0$。

本题的逆为:

若 $f(x)$ 在 $[a,b]$ 上连续,且 $\int_a^b f(x)\mathrm{d}x=0$,则 $f(x)\equiv 0$。

可证该逆命题不成立,但再加强一下条件即加上"$f(x)\geqslant 0$",则有如下正确命题:

设 $f(x)$ 在 $[a,b]$ 上连续,且 $f(x)\geqslant 0$,若 $\int_a^b f(x)\mathrm{d}x=0$,则有 $f(x)\equiv 0$。

14.2.4 等价变换法

这种方法是指将原命题的条件或结论部分地或全部地用其等价命题来替换,或根据"原命题与其逆否命题等价"或"关系映射反映法"来编制数学习题。

例 14.6 若对于 $\forall x\in R^1$,$\exists M>0$,使得 $|f(x)|\leqslant M$,且 $\lim\limits_{x\to x_0}f(x)g(x)=0$,则

$$\lim_{x\to x_0}f(x)g(x)=0。$$

可把该题等价地变换为如下习题:

若函数 $f(x)$在$(-\infty,+\infty)$上有界,且 $g(x)$是 $x\to x_0$ 时的无穷小量,则 $f(x)g(x)$也是 $x\to x_0$ 时的无穷小量。

在本习题中,我们利用"无穷小"定义对上题中的已知条件及结论分别作了等价叙述。数学学习或研究中常有"换一种说法"或"即"等字眼,这些字眼实际上强调了数学概念、定理或公式的等价说法,我们常称为"翻译"。培养学生的数学翻译能力,有助于提高他们灵活运用数学知识来求解问题。

例 14.7　已知如下题目：

设函数 $f(x)$ 在 $[a,b]$ 上连续，且 $\int_a^b f^2(x)\mathrm{d}x=0$，则 $f(x)\equiv 0$。

利用“原命题 $\Leftrightarrow$ 逆否命题”，可把上题改为：

设函数 $f(x)$ 在 $[a,b]$ 上连续，且 $f(x)\not\equiv 0$，则 $\int_a^b f^2(x)\mathrm{d}x>0$。

例 14.8　给定幂级数 $f(x)=x+\frac{x^3}{3}+\frac{x^5}{5}+\cdots$，为求 $f(x)$ 的有限表达式，首先利用如下映射：

$$\varphi: f\to Df=f'$$

即可获得易于定映的映象函数：

$$f'(x)=1+x^2+x^4+\cdots=\frac{1}{1-x^2}。$$

其次，再通过逆映射 $\varphi^{-1}:\int_0^x(\quad)\mathrm{d}t$ 得到

$$f(x)=f(0)+\int_0^x\frac{\mathrm{d}x}{1-x^2}=\frac{1}{2}\ln\frac{1+x}{1-x}。$$

于是我们可编出如下习题：

设幂级数 $f(x)=x+\frac{x^3}{3}+\frac{x^5}{5}+\cdots$，求证：$f(x)=\ln\sqrt{\frac{1+x}{1-x}}$。

本题的编制采用了“关系映射反演法”，利用该方法编题的模式如图 14.1 所示。

其中，s 是含有未知目标原像 x 的关系结构系统，φ 是可逆映射，ψ 表示数学手段。

关系映射反演法是我国著名数学家徐利治教授在数学方法论方面的三大贡献之一，该法在问题解决中应用广泛，是每位数学工作者或数学学习者应掌握的基本数学思想方法。

14.2.5　运用类比联想拓广性原则

这种方法是指从原题的条件出发找出其形式结构类似的条

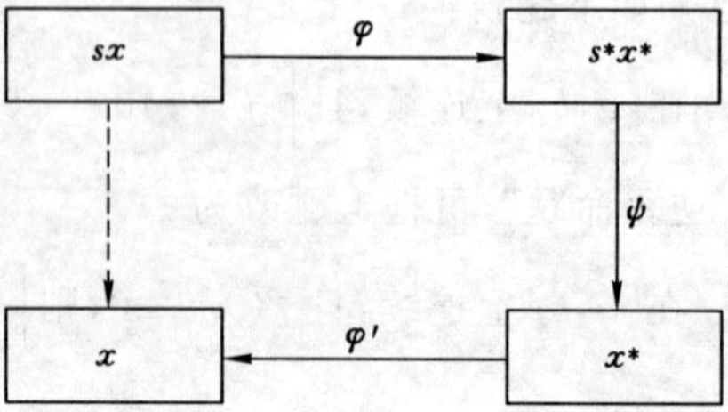

图 14.1

件，由已知命题的结论来类比地推出新命题的结论。该思想方法往往包括“类比—联想—预见”三个步骤。应注意：用该方法得到的结论不一定正确，必须经过严格的逻辑验证。

例 14.9 一个重要的不等式是：$\forall x,y\in R^{+}$有$\frac{1}{2}(x^2+y^2)\geqslant xy$，由此产生类比联想：$\forall x,y,z\in R^{+}$，考虑是否会有$\frac{1}{3}(x^3+y^3+z^3)\geqslant xyz$？即是否会有

$$x^3+y^3+z^3-3xyz\geqslant 0?$$

考虑到上式左端是个“循环对称式”，我们试着作一下分解，显然是成立的：

$$\begin{aligned}&x^3+y^3+z^3-3xyz\\&=(x+y+z)(x^2+y^2+z^2-xy-xz-yz)\\&=\frac{1}{2}(x+y+z)[(x-y)^2+(y-z)^2+(z-x)^2]\geqslant 0,\end{aligned}$$

即

$$\frac{1}{3}(x^3+y^3+z^3)\geqslant xyz。$$

由此再进一步通过类比、联想、归纳，加以推广，最后得到一般不等式：

$$\frac{1}{n}(x_1^n+x_2^n+\cdots+x_n^n)\geqslant x_1x_2\cdots x_n,$$

其中各 $x_i(i=1,2,\cdots,n)$ 都为正数，记 $A_1=x_1^n, A_2=x_2^n,\cdots,A_n=x_n^n$，则得：

$$\frac{1}{n}(A_1+A_2+\cdots+A_n)\geqslant(A_1A_2\cdots A_n)^{\frac{1}{n}}。$$

于是我们可编出如下习题：设 $A_1,A_2,\cdots,A_n\in R^+$，证明：

$$\frac{1}{n}(A_1+A_2+\cdots+A_n)\geqslant(A_1A_2\cdots A_n)^{\frac{1}{n}}。$$

美籍著名数学家、教育家波利亚曾把类比联想法称之为“伟大的类比”，通过这种方法可提出新问题和作出新发现，也可以通过类比联想原则获得方法论上的启示。

注：

[1] 戴再平. 数学习题理论[M]. 上海：上海科技出版社，1990.
[2] 徐利治. 数学方法论选讲[M]. 南京：江苏教育出版社，1990.

第15章　教育形态的数学知识系统的构成、特点及存在状态

现行的数学教材的知识体系往往呈现出演绎型的知识结构，体现出从一般到特殊、从一个整体的质到另一个整体的质的特点。也就是说，一旦有关定义或原理得到建立，其他的内容就完全建立在严格的逻辑推理之上，形成一种由逻辑链条连接起来的由定义、原理到性质、推论的机械程序。这就如同美国数学家戴维斯与赫什所指出的："现在相当多的数学教科书具有一种神经质的、令人窒息的特征，书中系统地和顽强地追寻着一个固定的目的。这个目的一旦达到，人们不是感到兴奋而是感到虎头蛇尾。这种书没有什么地方讲这个目的为什么重要或如何重要，而是可能谈到这个目的现在可成为达到别的更深入目的的出发点，……如果你想责备，就责备欧几里得吧，因为这种倾向在他那里就已经存在了"[1]。在传统教学过程中，正是受到这种教材的影响，教师自觉与不自觉地会形成一种灌输式的教育态度和倾向，即把学生看成是一种可以开发和榨取的土地，大量地灌输知识，其结果，学生只能呆读死记而不善于思考，其自身的心理生态结构遭到严重破坏，最终失去了创造力。学生只了解到数学的严谨性，却不能充分发挥其想象力；只学会了演绎推理，却不能进行归纳实验；只看到了数学理论的结果，却不能洞察理论产生的过程。最终使学生对数学形成了这样一种片面的理解，即在他（她）的全部数学学习过程中，严格性将成为数学的一切。

在数学教学过程中，数学知识应以怎样一种形态呈现给学生就成为数学教育改革的一项重要内容。关于这一点，张奠宙先生

在文献[2]中指出数学具有3种形态，即原始形态、学术形态和教育形态，教育数学应该是具有教育形态的数学，即通过教师的努力，启发学生高效率地进行火热的思考，把人类数千年的数学知识体系转化为学生容易接受的教学内容。在文献[3]中，张先生对于教育形态的数学又做了进一步的阐述，明确指出在数学教学过程中应反对“去数学化”的倾向，以本原问题驱动展现数学本质。体现数学本质应做到返璞归真，平易近人，言之有理，感悟真情。利用数学史加深学生对数学本质的理解。文献[2]和文献[3]对数学教学改革的理论研究和实践无疑有着重要的指导意义。此后又出现了一系列的相关文章[4-12]，尽管这一系列的文章提出的问题、阐述的内容以及研究的方法有所不同，但却有着共同的特点。主要体现在以下几个方面：

(1) 在教学过程中起主导作用的教师是从学术形态的数学转化为教育形态的数学的行为主体。

(2) 脱离了数学教学过程这一动态系统，静态分析了数学教师的知识结构。

(3) 尽管对数学教师的知识构成成分的提法或名称存在差异，但数学教师的知识无外乎是由数学知识、一般的教育教法知识、心理学知识、实践性知识及其他知识构成的。

(4) 数学教师知识的构成成分对数学教学产生不同程度的影响。事实上，由于教师知识的构成成分的作用不同，对数学教学过程产生不同程度的影响应该是显而易见的问题。

(5) 对数学教师知识结构的优化提出相应的建议。

(6) 部分文章指出了教学内容知识对数学教师专业发展的意义。

上述研究主要采用了矛盾分析法，立足于新陈代谢的历史联系；强调统一中的对立和差异，着重于数学教师教学内容知识的逐层分解，由此确定出教学内容知识的构成，对数学教师专业的发展无疑指明了方向。但文章中并没有对数学教学内容知识的基本构成成分——数学知识做出具体的剖析，也没涉及在课堂教学中数学知识具有怎样的特点、呈现怎样的状态这一关键性问题。下面在对数学知识的构成成分进行具体分析的基础上，给出教育形态的数学知识系统的特点和存在状态。

15.1 课堂数学知识构成成分的不同视角

15.1.1 从数学的本体论和认识论的角度看

数学教学实质上就是在一定观念指导之下的数学活动，这里的观念包括数学教师的数学观、数学学习观、数学教学观，正确的教学观与学习观是建立在正确的数学观基础之上的。在数学教育中，许多问题都涉及了数学的本体论与认识论，诸如数学知识是动态的，还是静态的；是封闭的，还是开放的；其真理性是绝对的，还是相对的；学生在做数学时，在做什么？是唯灵论的、经验主义的，还是心理学的；是形式主义的、直觉主义的，还是逻辑主义的等等，这就必然引出学生在学习数学时是一种主动的建构过程，还是被动的接受过程等一系列问题。“没有关于音律、谐和和结构的经验，或者没有形式、颜色和构图的经验，谁也不能对音乐或绘画进行欣赏。而为了欣赏数学，真正地接触其本体就更加重要。”自觉地继承、渗透正确的数学观，不仅可以使学习者从不自觉的、无意识的状态过渡到自觉的状态，而且还可以使学习者突破旧的思想观念的束缚，引起认识上的飞跃，甚至导致重大的发现与创新。因此“数学观不只是‘学习’与‘数学表现’的中介因素，它本身亦可视作一种学习成果。”[13]

15.1.2 从历史的角度看

研究数学，既不能忽视逻辑主义的“理性地重建”的主张，也不能忽视历史主义的“历史地再现”的主张。数学知识是人类智慧的结晶，是长期积累而成的。英国数学家格莱舍(J. W. L. Glaisher，1848～1928)有一段经典名言："任何一种企图将一个学科和它的历史割裂开来，我确信，没有哪一个学科比数学的损失更大。"[14] 影响数学发展的要素是多方面的，基于数学史对数学教育的作用，研究者认为，从数学史的角度看，课堂数学知识应涉及以下内容。

(1) 历史背景

包括理论产生的社会背景、科学技术发展状况以及当时的数学观、哲学观等，这对学生正确认识数学与社会生活各方面的关系、激发学生学习的动力、培养学生正确的数学观有着重要意义。

(2) 历史意义及科学价值

纵观历史，每个数学真理的获取都闪耀着人类思想的光辉，具有重要的历史意义和科学价值。例如，解析几何的诞生、微积分的创立以及非欧几何的出现等都引发了人们在观念上的突破，使数学研究方法实现了革命性的变革。阐述数学理论或某一理论中概念的历史意义或科学价值，有助于学生理解该理论或概念在数学学科中的地位及其在其他领域中的应用。

(3) 演变及认知历程

在概念的发展、完善的历史演变过程中，数学概念的含义往往经过多次变化，这种变化在数学教育中也有所反映。"这在一定意义上正是历史上思想困惑的逻辑'重演'。因此考察数学概念的历史演变过程，总结前人在理解这些数学概念演变时的经验教训，无疑对今天的数学教育有着重要的启发意义。"[15] 概念的历史演变过程揭示了人类在数学思想方面的智力探险，由此厘清出数学家的思维模式和认知历程，使学生认识到数学知识是逻辑与非逻辑、理性与非理性交互作用的结果，同时某些概念、某些理论演变过程的复杂性、曲折性也体现出了人类心智的局限性。因此，揭示知识的历史演变过程，还能体现人性化特点。

(4) 数学家的生平及成长经历

现行数学教材这种演绎型的数学形态的知识结构中，数学家的风格被完美化了，所以就隐去了他们成功路上的奋斗与努力、曲折与艰辛这些人性化的方面。榜样的力量是无穷的，在漫长的历史发展中，出现了许多有关数学家可歌可泣、可叹可赞的事迹。数学家在艰苦环境中那种顽强拼搏、刻苦钻研的精神以及不畏权威、敢于向传统思想观念进行挑战的勇气，激励着一代又一代的年轻人。在教学过程中，适时地介绍数学家所走过的路和他们对数学的贡献，不仅丰富了课堂教学内容，而且活跃了课堂教学气氛，对学生学习数学的积极性有着巨大的促进作用。

(5) 数学家的科学素养及品质

数学家的科学素养及品质主要包括：理性化的哲学素养，深厚的文学底蕴；谦逊和严谨的治学态度；追求严格化、统一化和一般化的数学信念；怀疑、批判的创新精神、合理继承前人成果的包容精神以及与他人合作的团队精神；对数学简洁美、和谐美、对称美、统一美以及奇异美的审美追求；发现并扶持青年数学家成长的高贵品质。

15.1.3 从数学方法论的角度看

数学方法论在我国的深入研究对数学教育及其改革具有极其深远的意义。特别对教学内容的选择与组织产生了重大影响。在教学过程中，数学思想方法与实际的数学活动是密切相关的，这里的数学活动主要体现在两个方面，即问题解决和基本理论的生成与应用。数学思想方法寓于问题解决和基本理论的形成过程之中，脱离问题和基本理论的学习，思想方法是空洞的、抽象的；反之，没有思想方法的指导，问题解决和基本理论的形成与应用的过程就失去了方向，是僵死的、孤立的、封闭的过程，缺少应有的活力。因此，问题、基本理论和数学思想方法便构成了课堂教学内容的基本要素。

(1) 问题

在现代数学教育中，解决问题能力的培养已被认为是数学教育的一个基本目标。问题的提出可以为学生的数学学习提供重要的动力，而通过问题的解决则使他们感到数学学习又是一种有意义的活动。在课堂教学过程中，如何很好地协调教学对象、教学过程与教学目标之间的关系，问题则成为主要的媒介。"教学目标需要问题来展现、教学过程需要问题来活化、教学对象需要问题来触动。离开问题，数学教学设计仅定位于单纯的静态系统、易使目标设计缺乏操作性、过程设计缺乏互动性、评价与监控设计缺乏指导性。"[16] 正是由于问题及其解决在数学教育中的重要地位，作为教育形态的数学知识系统，问题就成为不可缺少的一部分关键内容。根据传统教学存在的不足，课堂教学过程中的数学问题应特别注重以下几类：

① 衔接性问题。"数学科学是一个不可分割的有机整体，它的生命力在于各个部分之间的联系。尽管数学知识千差万别，我们仍然清楚地意识到：在作为整体的数学中，使用着相同的逻辑工具，存在着概念的亲缘关系。"[17] 数学概念的成长是连续的，新的数学概念扎根于旧的概念之中。但是，数学的学习过程却不是一个连续而是间断的过程。有意义学习的实质就是新旧知识建立联系，这种联系的过程也就是新旧知识相互作用的过程。这正是由于学生的学习具有适应性的特征所决定的。作为数学知识的联系不仅要注重诸如概念的包含关系、生成关系、对应关系、对偶关系等等，更要强调知识之间在思想方法上的联系，如一般化、特殊化的关系，研究对象的联系，研究方法的联系。正是借助于思想方法上的联系，去设置相应的衔接性问题，这类问题对于前后知识的过渡起到承上启下的作用。

② 巩固性问题。即有助于知识系统内的概念、原理、公式的理解、巩固、深化的问题。这类问题的选择应具有这样的特点：第一，具有一定的激励性，即问题既应适应学生当前的知识水平且具

有一定的难度，又能激发学生探求证解问题的兴趣。第二，具有一定的普遍性，即问题反映出某类问题的共性，解决这样的问题不仅有助于巩固、深化学生学过的知识，而且还可以获得有关思想方法的启示。第三，具有一定程度的综合性，即寓不同的相关概念、定理或公式于同一问题之中，既可以培养学生综合运用知识解决问题的能力，又可以达到知识系统化的目的。第四，具有一定的开放性，首先，面对这样的问题，学生可以从不同角度运用不同的知识、不同的方法去完成问题的解答，由此拓展学生的知识面和思维空间；其次，借助于特殊化或一般化方法可以对已有问题进行不同角度的推广，从而得到更有价值的问题，有助于培养学生的创造性能力。

③ 应用性问题。“数学教学之根本目的应当是培养和提高学生处理实际问题的能力，为他们提供应用于其他学科的推理方法，而并不是单纯地为了给学生提供某种求解具体问题的工具。”[18]数学与我们现实生活的联系愈来愈密切，体现出其广泛的应用价值，因此培养学生的数学应用意识就具有重要的现实意义。而实际问题的解决则是培养学生数学应用意识的有效途径。作为实际问题的设置应满足：第一，问题与学生的实际生活密切相关，这类问题很容易引起学生的兴趣，激发学生探求问题解答方法的强烈欲望；第二，问题中应包含着丰富的数学信息，使学生认识到数学无处不在，真正地认识到数学的应用价值；第三，问题的解决过程中应体现出重要的数学模型思想，由此可以提高学生解决问题的综合能力。

(2) 基本理论

基本理论包括基本概念、基本原理和推论。基本概念是数学理论体系逻辑建构的起点，是数学理论体系中的细胞，确定了基本概念，整个理论知识的内容由“潜”到“显”逻辑地展现出来。基本原理主要包括运算规律、基本定理和重要公式，对整个理论体系具有统治和支配作用。基本概念和基本原理的抽象过程遵循着从特殊到一般的认识过程，是相应理论体系中的初级抽象，舍弃了许多特殊的规定性，因此，它们并非是相应数学理论体系中的最终抽象，还存在多种反映不同属性的推广，即推论。推论的选择应满足以下几点：首先，应是基本概念、基本原理的必要补充与延伸，从而对理解、巩固和深化基本概念和基本原理具有积极的意义；其次，应是前后知识联系的桥梁，有助于完善或协调理论体系中的知识；第三，具有较强的应用性；第四，在推论的证明过程中，使学习者获得重要的方法论启迪。

(3) 数学思想方法

"数学作为人类思想的表达，反映了积极的愿望，沉思的推理以及对于美的完善的向往。它的基本要素是逻辑和直觉，分析和构造，一般性与个性。尽管不同的传统强调不同的方面，可正是这些矛盾之间的相互作用以及使之综合的斗争注入数学科学教育的生命和极大的效果。"[14] 如果说数学知识是思维的结果，那么数学思想方法则是在相关背景问题的基础上形成这一结果的观念和具体的程序化的操作方法。数学方法主要包括学科内的具体方法、一般的数学方法和哲学层面的方法。思想则是在知识的形成过程中对知识、思维以及数学方法的掌握和认知过程中的高度抽象和概括，是对数学学科或整个理论体系的宏观把握和内在精神实质的领悟。"数学思想方法产生于数学活动特别是数学问题解决的实践，成熟于对数学活动实践过程的反思和总结，巩固于蕴含同一数学思想方法的问题解决训练中，发展于相互联系的过程。"[19] 数学思想方法的教学是数学教育的最基本的需求。

上述课堂数学知识的构成中既包含了体现数学真、善、美这些客观内容的数学概念、原理、推论和思想方法，又涉及了数学观、数学家的科学素养、人格品质、认知历程、审美追求、思维模式、价值判断等动态的、更深层的创造性因素。数学课堂教学内容的选择与人类整个知识体系的演变是密不可分的，课堂数学知识与数学史、数学哲学应融为一体的。数学史不仅能告诉人们数学思想的逻辑和历史行程，而且还有助于理解数学学科的社会角色和人文主义。“缺少哲学的指导，数学史变成了盲目的历史；不理睬数学史上最引人入胜的现象，数理哲学变成了空洞的哲学”[20]。以数学史提供丰富生动的素材为基础，数学哲学架起连接数学与人文的桥梁就成为可能。从数学文化学的角度分析，数学观、数学思想方法以及数学家的科学素养、人格品质等各要素交互作用，为理论知识的形成创造了一个良好的文化环境，在这样的文化环境中进行教学具有重要意义。因此，科学合理的课堂数学知识的选择与设置是数学知识教育形态化的基础与前提。事实上，数学教师是否具有数学哲学、数学方法论、数学史、数学文化等知识储备已成为高效数学教学行为的内因之一[21]。

作为课堂数学知识就其构成要素而言具有客观性，这是由数学学科的性质决定的；而就其构成要素的选择而言则又具有主观性，这是由学生的知识背景和接受能力所决定的。按照系统的原则和方法，对于基本理论的学习，既要厘清这些内容的建立和发展的来龙去脉，又要把握其内在的结构和外部的联系，从它们与上述其他各要素的所有真实关系的总和中去认识和理解。因此，如何把上述要素构成的课堂数学知识优化组织成具有一定结构和功能的教育形态化的知识系统就成为关键。教育形态的数学知识无论从特点、状态都不同于课本中的数学知识。

15.2　教育形态的数学知识系统的特点

教学过程是一个由多个相互联系、相互依存的子系统构成的复杂系统，按照生态学的观点，生命的繁衍生长是靠不同物种之间的共生和互生来支撑的。生态学强调多样性的统一，生态系统中生物与环境之间、生物各个种群之间，通过能量流动、物质循环和信息传递，相互间达到高度适应、协调和统一的状态。因此，课堂数学知识应该与教学过程中其他诸如实践、认知、意识、情感、心理等各系统密切地结合起来。使教育形态的数学知识系统具有如下的特点。

15.2.1　整体性

我们之所以强调数学知识系统的整体性，因为数学知识反映的客观对象具有系统的整体性，这种整体性又体现出两个方面，即知识的综合性和统一性。

15.2.1.1　综合性

这里所说的综合性不是上述各要素的简单叠加，而是根据各要素应有的内在联系使它们有机地结合在一起，融合成一个具有一定结构的、发挥（整体）最佳教育功能的知识系统。因此，整合数学知识的过程实际上就是综合的过程，具体的应以问题提出为起点，理论知识为载体，以理论知识的引入、抽象、概括、推导过程为嵌入点，使上述各要素与理论知识有机地结合在一起，形成以抽象过程、推导过程为主要联系桥梁的网状知识体系。数学知识的这种综合性决定了学生可以运用综合的认识方法从整体上把握认识对象，即不是着眼于知识的一个方面或某一部分，而是注重知识与知识之间的内在联系，注重数学知识系统的整体结构。从生态角度看，数学知识的这种重组、综合弹性化的设计是恢复课程内容之间的生态关系、在教材内构建完整知识生态系统的重要途径，也是数学课堂回归自然、数学教学过程多向互动、动态生成的基础。

15.2.1.2　统一性

所谓数学知识的统一性，一方面是指各种不同概念、原理或运算方法在更高层次上达到统一，即统一于某一结构或某一观点，在高观点下去理解具体的数学内容。如在线性代数中就存在3种不同的推理模式：某种程度上直接给出对象并在心中努力描绘的综合-几何模式；由公式可以直接进行计算的分析-算术模式；由一组性质定义进行思考的分析-结构模式。另一方面，上述各要素结合的最终目的就是让学生进行“火热的思考”，让学生从不同的角度更全面地理解巩固、深化所学过的知识。因此，作为数学史、数学哲学与数学文化层面等内容的选择，其深度与广度应与课程目标、教学目的、学科发展以及学生既有的文化背景相协调、相一致。关于这一点，文献[22]给出了指导性建议：第一，数学文化必须与数学课程的总体目标相协调、相一致。理想的课程设计应该是融知识与文化于一体的。第二，数学文化应该体现出对于数学前进方向和数学思想方法的一种倾向、一种引导和一种归结，而不仅仅是事实的陈述与历史的发现。第三，数学文化应该与学习者的既有文化系统很好地契合。

15.2.2 层次性

教育形态的数学知识系统之所以具有层次性就是因为其反映的客观世界本身具有层次性，从横向看，无限空间内无数宇宙同时并存，展现为具有无限多的质；从纵向看，具有无限多样的质的物体则按照一定的质量限度和空间限度分成无限的物质结构层次。这就必然导致现实世界的空间形式和数量关系具有层次性。另一方面，人类对数学对象的认识是由一系列的抽象过程构成的。教育形态的数学知识的层次性应突出强调数学知识的抽象层次，可以分为两条线索，一条是依据数学知识历史演变过程而确定的抽象层次，另一条则是由数学教材逻辑顺序体现出的抽象层次，这与数学教材的演绎型知识结构协调一致的。研究者认为采取历史与逻辑相结合的方法是最有效的。在此基础上可把数学知识划分为四个层次：第一层次即为数学教材中表层知识即前面提到的问题及理论知识；第二层次则是隐含在问题解决或理论知识及其抽象过程中的思想方法，数学中的抽象可分为广义抽象、强抽象和弱抽象，主要体现出特殊化思想和一般化思想，这些思想往往成为知识相互转化、相互联系的桥梁，是优化知识结构的有效工具。第三层次则是指数学发现、数学创造过程中思维层面的知识。传统的数学教学过程实质上就是一种唯理性教育过程，整个教学过程的组织与展开，有一整套相互配合的概括性原则和由这些规则在特定情况下的应用规则所规定的。这种唯理性教育的理智控制，遏制了学生的自发性、创造性和个人的主动性，学生很少有发扬主动精神和进行独立判断的余地，毫无自由可言。数学学科的教育应该是一种完整教育，既要传授理性知识、培养学生的逻辑思维能力和逻辑实践能力，又要重视培养学生的形成目的和动机能力、灵感和直觉能力、猜测能力、情感体验能力等非理性精神能力，以及意向、情感、意志、信念、信仰等非理性精神力量。第四层次是数学精神与文化的教学层次。任何一门学科教育的最终目的都是培养学生完满的人格教育，“人格是个体的各种内在力量较为稳固持久的组织系统。这些内在力量不仅仅是指人的理性精神力量，而且还包括人的各种非理性精神力量，是二者的有机组合和整合所形成的一种持久的力量，人的这种持久性力量有助于个人对各种情景作出反应，并进而形成个体较为一致性的行为。”[23]这一层次的内容重在促进学生心智、个性、观念、精神等协调的发展。

15.2.3　过程性

数学知识之所以呈现出过程性，其一是由于数学是从量的侧面探索和研究客观世界的，作为数学研究对象的背景、源泉的客观世界和客观事物的存在是一个过程；其二数学知识又属于认识的范畴，作为过程，人的认识能力是至上的，但作为任何一个现实状态，它又是非至上的，这就构成了认识能力自身的矛盾性，人的认识就是在这种矛盾的不断出现、不断被克服的过程中前进的。正是这种矛盾性导致了数学知识的过程性，数学知识无疑是抽象思维的产物。马克思指出：在人类认识过程中存在着两条方向相反的道路，在第一条道路上，完整的表象蒸发为抽象的规定；在第二条道路上，抽象的规定在思维的过程中导致具体的再现。这也就是说，在这两条相互连接的道路上，认识开始由感性的具体表象通过思维活动分析出各种单向的、孤立的抽象规定；尔后，这些单向的、孤立的抽象规定又在思维的行动中被连接起来，综合成思维的具体再现出来。数学知识的这种过程性又与其抽象（历史的或逻辑的）的层次性是密切相关的，作为教育形态的数学知识，应该在强调数学知识的抽象层次的基础上，注重知识的历史演变过程，突出数学知识的发现过程，使整个教育形态的数学知识系统体现出动态性。

15.3　教育形态的数学知识的存在状态

教育形态的数学知识系统的整体性揭示了数学知识与其他学科如数学史、数学哲学之间的联系，它的层次性和过程性体现出数学知识的动态性，客观上为学生提供了一个具有生命力的、能够走向学生的学习客体。在课堂教学过程中，如何通过这一客体与学生的动力结构系统相互作用，发挥其最大的教育功能，还应该对这一客体进行恰当的设计，形成适宜学习者的存在状态。设计的核心应着力于以下几个方面：第一，注重问题的选择与设置。一切思维是从问题开始的，没有问题，就没有质疑。“质疑是科学研究的始点，培养创新精神，离不开对学生质疑思维的激发和保护。在我国，质疑思维是重要的，但质疑精神更重要。”[24]在各类问题中，衔接性问题的设计是关键，正是通过合理的衔接性问题的巧妙设计，引发学生的质疑，由此导致知识的生惑点。第二，在分析学习者的知识背景、审美观念、爱好和情趣的基础上，按照知识内在的联系、美的规律，并结合数学家在数学研究创造过程中的心路历程，充分暴露数学知识生态的“孕育、生长”过程，重新创造和恢复知识的活力。对学生而言，这种重新创造知识的活动就是课堂学习的核心。这是因为“人只有在创造文化的活动中才能成为真正意义上的人，也只有在文化活动中，人们才能获得真正的‘自由’[25]。”第三，以数学知识的形成过程为载体，突出数学观念、思想、方法的抽象与概括，厘清数学家进行数学研究的科学态度、信念品质、价值判断和审美追求，加强数学人文精神的理解与感悟。文化因素是数学课堂教学过程中最具有吸引力的一部分内容，是调动学生学习情感因素最直接、最有效的动因。以此驱动教学使学习者的情感、意志、品质以及感知、思维、想象得到广泛的熏陶，拓展学习者的精神空间，实现精神超越，促进学习者的认知结构的形成与发展，完美学习者人格品质。具体地，教育形态的数学知识系统体现出如下的存在状态。

15.3.1　描述状态

传统数学教材中的基本概念、基本原理以及公式、法则是借助于判断式的数学语言进行阐释的。由数学符号、数学术语和经过加工的自然语言构成的数学语言是数学抽象的产物，是表达数学抽象与数学概括内容的媒介，也是展现数学知识、数学证明的基本工具，是课堂教学过程中师生交流的基本方式。数学语言具有确定性、简洁性特点，同时也具有抽象性的特点，数学语言的抽象性往往会导致学生识别、理解、转换、构造、操作、组织以及表达等方面的语言障碍[26]。也恰恰是这种抽象的数学对象的形式化表示或课堂上形式化分析往往成为数学是枯燥的源泉。因此，纯粹的判断式的数学语言表述的数学知识难免缺少灵气、缺少亲和力，无法给学生掌控自己的行为提供有效的借鉴，更难以召唤学生作为课堂教学过程中的主体而主动参与其中。判断式的阐释是思维的结果；描述性的阐释则意味着思维的开始。处于描述状态的数学知识既是启发学生想象力的动力，又是学生进行创造性活动的基础。因此，数学知识从判断式的阐释状态转化为描述性的阐释状态是数学知识教育形态化不可缺少的一个重要环节。

教育形态的数学知识的描述性从语言的角度应体现出生动、

准确、精炼、形象直观；从知识的角度来看，体现出知识自然的融合性、丰富性，揭示出新旧知识的联系，展现出清晰而又合理的网络知识结构；从思维的角度来看，则又体现出重要的化归思想，即借助于数学中极其丰富的对立统一关系以及类比关系，如正与负、变与不变、曲与直、有限与无限、特殊与一般等，化抽象为具体、化繁为简、化难为易、化未知为已知、化不熟悉为熟悉；从效果来看，这种描述性则要体现出亲和性、激励性、启发性。由此可以使学生的行为价值判断具体化，更具有可操作性，因而可以成为学生学习行为的指南。

15.3.2 开放状态

系统的开放状态是指系统总存在于一定的环境之中，并且与作为环境的其他系统进行着物质、能量、信息的交换，在这种交换过程中，系统经历着从低级到高级、从简单到复杂，从无序到有序不断优化的动态发展过程。如前所述，教育形态的数学知识系统的构成要素既具有客观性，又具有主观性，是客观与主观的统一体。作为系统，结构决定要素，要素对结构具有选择性。教育形态的数学知识系统具有相对静止的稳定结构，但在课堂教学中，它又处于动态的演化发展过程中。因此，教育形态的数学知识系统的开放性首先是指该系统能够与学生的认知系统、意识系统、情感系统、心理系统等进行信息交流；其次，在教学过程中，为了更好实现教学目标，根据实际需求，系统内的要素可以随时进行调整，达到多元化开放的效果。基于数学在自然科学和社会科学的广泛应用，该系统还可以辐射到学习者熟知的文学、艺术、音乐、建筑、军事、经济、生命、法律等各个领域，由此可以为课堂对话提供极其丰富的信息资源。

15.3.3 对话状态

教育形态的数学知识系统的综合性为课堂教学引发对话提供

了客观基础。无论从数学哲学、数学真理、数学史的角度看，还是从数学语言、数学概念以及数学证明等层面分析都揭示出数学具有对话特征[27]。而描述性状态的数学知识又使其向对话状态转化成为可能。“对话”原意是指人与人之间以语言为中介的谈话，作为一项教学原则，这里的“对话”已超出了语言本身的界限，它体现的是教学过程中的一种精神和理念，是对话双方各自向对方敞开精神和彼此接纳，是一种真正意义上的精神平等与沟通，是心灵与心灵的交流与碰撞，是对传统教学中“学生主体说”“教师主导说”“课堂讲授论”的根本超越。

各种才能、智力都有其发展的情感环境作支撑，情感是人对客观世界的一种特殊的反应形式，是主体对客体是否符合自己需要的态度、感受、体验等心理状态。积极健康的情感，良好的情感环境可以激发学生的创造性思维，是学生进行创造性学习活动不可缺少的因素。学生的情感在很大程度上决定着学生学习活动能量的强弱，影响调节学习活动的速度和持续时间的长短。在教学过程中，学习者对其所接受内容的感觉都有一个潜意识化、本能化或相关意识麻木的变化趋势，使其在对话初期的新鲜感、好奇感慢慢淡化。因此，在对话过程中，首先体现出教师所解说的语言、思想与学习者的感觉、接受水平的一致性、相适应性；其次，通过对话适时地调整学习者的情绪，刺激他（她）们理智的热情，开放他（她）们的心灵，由此激发学生积极参与对话的强烈愿望；第三，通过对话，引发学习者自由想象，使学习者真正体验到成功获取新知识的愉悦感。事实证明，这种愉悦感会诱使学习者寻找新的问题，进行新一轮的探索，以期享受之前激情得以释放的滋味，形成良性循环；第四，打破传统教学过程中单一的教学模式，采取灵活多样的教学方法，实施多元对话。既要突出教师与学生之间的对话，又要强调学生与学生、学生与上述的知识系统以及学生与自身的对话，多渠道地彰显学生的个性，体现出多主体、多层次、多角度的对话状态，使得数学课堂教学真正地走向民主，成为师生互动的多边活动。

注：

[1] 戴维斯 P J，赫什 R. 数学经验[M]. 王前，于晓群，等译. 南京：江苏教育出版社，1991.

[2] 张奠宙. 关于数学的学术形态和教育形态[J]. 数学教育学报，2002，11(2)：1-4.

[3] 张奠宙. 教育数学是具有教育形态的数学[J]. 数学教育学报，2005，14(3)：1-4.

[4] 苏帆. 关于学科数学与科学数学[J]. 数学教育学报，2007，16(1)：34-36.

[5] 李渺，俞平. 高中数学教师知识结构的特征研究[J]. 数学教育学报，2007，16(2)：55-59.

[6] 黄毅英，许世红. 数学教学内容知识[J]. 数学教育学报，2009，18(1)：5-9.

[7] 肖春梅，俞平. 实习教师知识对数学教学的影响研究[J]. 数学教育学报，2009，18(1)：34-36.

[8] 沈文选，吴仁芳. 走进教育数学——四议数学教育与教育数学[J]. 数学教育学报，2009，18(4)：5-8.

[9] 汪会玲，刘晓玫. 中学数学教师知识结构的调查与分析[J]. 数学教育学报，2008，17(6)：52-55.

[10] 方勤华. 理解教师数学知识的“交互建构模型”[J]. 数学教育学报，2010，19(3)：73-74.

[11] 柳笛. 美国数学教师学科内容知识的研究述评[J]. 数学教育学报，2010，19(6)：74-77.

[12] 李渺，宁连华. 数学教师内容知识(MPCK)的构成成分表现形式及其意义[J]. 数学教育学报，2011，20(2)：10-14.

[13] 黄毅英. 数学观研究综述[J]. 数学教育学报，2002，11(1)：1-7.

[14] KAPUR J N. 数学家谈数学本质[M]. 王庆人，译. 北京：北京大学出版社，1989.

[15] 徐利治，王前. 数学哲学、数学史与数学教育的结合——数学教育改革的一个重要方向[J]. 数学教育学报，1994，3(1)：3-8.

[16] 胡小松，朱德全. 论数学教学设计的逻辑起点[J]. 数学教育学报，2000，9(2)：33-36.

[17] 吴文俊. 世界著名数学家传记[M]. 北京：科学出版社，1995.

[18] 莫里兹. 数学的本性[M]. 朱剑英，编译. 大连：大连理工大学出版社，2008.

[19] 吴增生. 数学思想方法及其教学策略初探[J]. 数学教育学报，2014，23(3)：11-15.

[20] 拉卡托斯. 证明与反驳[M]. 康宏逵，译. 上海：译文出版社，1987.

[21]王光明. 高效数学教学行为的归因[J]. 数学教育学报，2010，19(5)：75-79.

[22] 黄秦安. 数学文化观念下的数学素质教育[J]. 数学教育学报，2001，10(3)：12-17.

[23] 庞学光. 唯理性教育及其超越[M]. 天津：社会科学院出版社，1992.

[24] 王光明. 数学教育需要重视的两个问题[J]. 数学教育学报，2005，14(1)：31-33.

[25] 恩斯特 卡西尔. 人论[M]. 上海：译文出版社，1985.

[26] 吴友昌. 数学语言障碍初探[J]. 数学教育学报，2002，11(2)：68-70.

[27] 胡典顺，何晓娜，赵军. 数学教学走向对话[J]. 数学教育学报，2008，17(3)：11-13.

第16章 正迁移与数学教学

所谓迁移就是主体的先前学习对后来学习的影响。先前学习对后来学习发生积极影响,叫正迁移,否则叫负迁移。迁移对数学学习非常重要,通过正迁移,已有的知识、技能会得到巩固和充实,新知识会得以掌握,能力得以形成,因此正迁移与我们的数学教学密切相关。现代认知心理学派提出的"为迁移而教"正说明了迁移在教学中的重要作用。下面拟就如何促进学生学习的正迁移作一探讨。

16.1 抓好"双基"是正迁移的必备前提和保证

传统教学法一直在强调抓好学生的"基础知识""基本技能"即"双基",其结果确实使受教育者具备了一定的数学素养,然而其想象力不足,数学创造力较弱。究其原因就是传统的教学法偏重知识传授,忽视知识的发生、发展过程中渗透的数学思想方法;偏重孤立地传授知识的细节部分,缺乏对数学知识的系统化教学,致使学生学习出现"负迁移"。因此,我们必须改进传统教法,促进学习正迁移。因为迁移是以先前的知识学习为前提的,而数学的逻辑演绎性和系统性决定了已有的知识是后继学习的先决条件,所以学生对已有的数学基础知识掌握得越牢固,就越能促进学习过程的正迁移。因此在教学过程中,加强数学基础知识的教学是促进正迁移的必备前提。

16.1.1 利用"抽象度分析法"让学生打下牢固的数学知识基础

抽象度分析法是我国数学家徐利治教授与张鸿庆教授在数学

方法论研究中获得的一项新成果[1]。这种方法的基本思想是：各种数学抽象物(包括概念、定义、公理、定理、模型、推理法则、证明方法等)具有不同的抽象程度，通过引入概念“序”“链”等来刻画数学抽象物的不同演化途径，并对每个数学抽象物 x 赋予一个“三元指标”，即相对抽象度 $deg(x)$、出度 $d^{+}(x)$ 和入度 $d^{-}(x)$，三者从量化角度分别刻画了抽象物 x 在其所在系统中的深刻性、基本性和重要性。三元指标所表示的数值越大，就表明抽象物 x 越深刻、越基本、越重要。要是用 $d(x)$ 表示出度、入度之和的话，即 $d(x)=d^{+}(x)+d^{-}(x)$，那么 $d(x)$ 就表示抽象物 x 的“基本重要性程度”；抽象物间的关系可用一个多重有向抽象分析图来表示，这里的“关系”是指抽象思维关系：弱抽象、强抽象和广义抽象，分别用符号“－”“＋”“ * ”来表示。从方法论角度讲，这三种数学抽象就是相对原型而言的一般化、特殊化和联想，是数学学习和研究的重要思维方法，应用抽象度分析法对某数学系统进行抽象度分析的一般步骤是：

① 给定某一数学系统可以是某一章、某一单元(也可以是某一数学分支或理论体系)的全部或部分抽象物的集合 M，并将 M 中的元素按抽象性质排成偏序集，使其中每一条链都表示为不可扩张的完全链；

② 将偏序集画成有向图，并标明每一步的抽象性质(弱抽象、强抽象或广义抽象)；

③ 计算有向图中每一抽象物的相对抽象度、出度及入度；

④ 列出量性指标进行比较。

下面我们以中值定理这一章为例，谈谈抽象度分析法的具体应用。

首先，画出中值定理这一章的抽象分析图(见图 16.1)。

其次，根据抽象分析图给出各抽象物对应的三元指标，并列成表格，如表 16.1 所示。

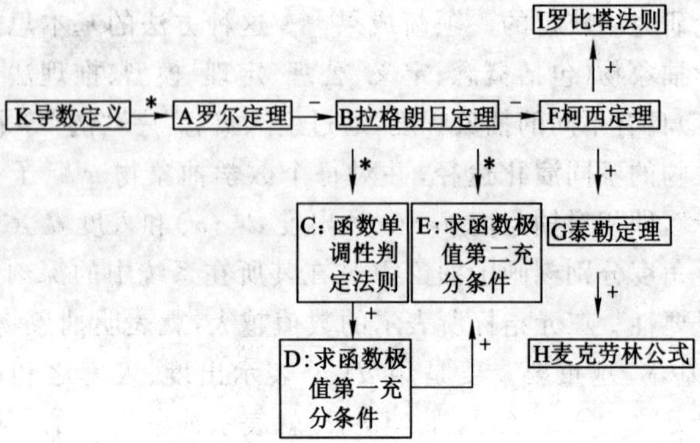

图 16.1

表 16.1

三元指标 / 抽象物名称	$deg(x)$	$d^+(x)$	$d^-(x)$	$d(x)$
K	0	1	0	1
A	1	1	1	2
B	2	3	1	4
C	3	1	1	2
D	4	1	1	2
E	5	0	2	2
F	3	2	1	3
G	4	1	1	2
H	5	0	1	1
I		0	1	1

由表格中各抽象物对应的各项指标可见，就出度、入度之和而言，拉格朗日中值定理的出度、入度之和是 4，是本章抽象物的出度与入度之和的最大者，故拉格朗日定理应该是本章中最重要最

基本的定理,而柯西定理的出度、入度之和是3,也是其中较大者,所以柯西定理也应作为本章重点来讲授。就相对抽象度而言,麦克劳林公式、求函数极值第一、第二充分条件的相对抽象度(相对于导数定义)较高,都是经过多级抽象得到的。其抽象层次较高,说明它们具有较强的深刻性。就出度而言,拉格朗日定理的出度最大(是3),这表明该定理的基本性程度最强,具有广泛的应用性。事实上,导数概念仅是一个局部性概念,在某一点的导数只是反映函数在该点的局部性质,我们还要利用函数的局部性质研究函数的整体性质,正是拉格朗日定理建立起了体现函数局部性质的导数与函数整体性间的联系,致使拉格朗日定理具有广泛应用。从抽象度分析图上看出,正是通过拉格朗日中值定理经过广义抽象得到了函数单调性判别法,通过弱抽象得到了具有广泛应用的柯西定理和泰勒定理。

由此可见,抽象度分析法有助于我们掌握某数学系统的重点,更有助于我们从整体上把握知识点的抽象层次结构及其内在联系。通过"同化"和"顺应"过程,即可在学生头脑中形成良好的认知结构,为正迁移打下坚实的基础。

在具体教学过程中,可按"整体—局部—整体"展开,即在每单元教学开始,先让学生根据数学抽象性质大体上了解本单元的整体特点,以便获得一个总的印象(可作为课前预习任务);然后教师根据课前备好的本单元抽象分析图,以抽象物间的联系为线索,以出度、入度之和较大的抽象度为中心,展开具体的局部教学活动;最后教师把备好的本单元抽象分析图展示给学生,从整体上作系统的小结。这样的分析图起到了把本单元主干知识纵横联系起来的作用,便于学生理解、记忆,进而促进学生学习正迁移的产生。

16.1.2 加强数学思想方法教学,提高学生的数学基本技能

这里所说的数学思想方法有两大类:一类是数学发现思想方法,如:归纳法、类比法、猜想法、一般化与特殊化、理想化、关系映

射反演法、探测性演绎等;另一类是解题逻辑方法,如:参数法、分析法、综合法、反证法、解析法等。数学思想方法如同数学知识一样,是人类长期积累起来的宝贵精神财富。有些人学起数学来常常感到"不入门",即尽管对定义、公式、定理记得很熟,但一遇到异于例题的习题就束手无策,这很可能与他们没有把握数学思想方法有关。

在教学过程中,渗透数学思想方法是培养学生基本技能的重要途径。数学解题的过程就是化归过程,具体一点说,就是概念、公式、定理的不断转化,同时又是数学思想方法反复运用的过程;解题过程的每一步转化都是在一定的数学思想方法指导下进行的。只有掌握数学思想方法,才能灵活地化繁为简,化难为易,化抽象为具体,即化未知为已知。由于数学思想方法具有高度的概括性,许多不同的数学知识都体现出同一种数学思想,所以数学思想方法已成为整合不同章节知识点的重要工具,是灵活运用数学知识进行解题的导航灯。数学思想方法也是进行数学创造的源泉,正是由于数学思想方法的变革,伽罗瓦创立了群论,罗巴切夫斯基创立了非欧几何,维纳创立了控制论,等。因此,在教学过程中,我们必须加强思想方法的教学。

数学思想方法的教学必须与数学知识的教学同步进行,即以数学知识教学为载体,适时地渗透必要的思想方法,从而使学生弄清数学知识的来龙去脉,培养他们的数学创造能力。同时在教学中我们还要自觉地运用数学思想方法指导数学知识的发生过程,让学生意识到所学知识就好像他们自己发明创造的一样,进而增强他们学习数学的兴趣,提高他们的数学素养。文献[2]从数学史的角度阐述了数学思想方法的形成和发展规律并指出了数学思想方法的教学策略,即在教学活动中渗透,在反思总结中明朗化,在运用训练中巩固,在相互联系中发展,值得我们在教学中借鉴。

16.2　发展数学语言的翻译能力,促进学习的正迁移

我们知道,每个数学命题都是由一些特定的数学语言组成的,不同形态的语言具有不同的特点。对许多数学命题,只有抓住语言特点,从不同角度给予表达、刻画,才能把它们所代表的内容与认知结构中已有的观念建立联系,发现解决问题的具体思路,特别是对于某些数学语言过分集中、高度凝练、不便于直接与已有观念建立联系的命题,应构造出其等价命题或辅助命题,使其转化为便于"同化"的命题。可以说数学语言的转换能力是在数学思想方法指导下熟练运用数学知识的象征,是主体已有知识结构同化的表现形式,故发展数学语言的翻译能力能促进学生学习的正迁移。

16.3　利用"群体思维"拓广正迁移

根据心理学迁移理论,教师给学生的指导越多,则正迁移的效果就越大。那么教师怎样才能给学生更多的指导?不是"填鸭式"的满堂灌,而是启发式的引导,尤其是发挥"群体思维"式的启发引导,所谓群体思维就是指在相同社会条件和生活条件下,以群体的形式表现出来的具有共同特点的思维。在课堂教学中,群体思维的主体就是全班同学,他们是在共同生活条件下构成的思维群体。教师的启发作用应表现在引导好群体思维的正确走向。当遇到教材中的重点内容时,教师应激发学生的思维活动,若群体思维活动的发展趋向正确,教师应及时地给予肯定表扬,否则教师以举反例或反问形式激发学生的反思,纠正群体思维的错误走向。当遇到教材的非重点内容时,教师不宜面面俱到地讲解,仅作提示即可。教学过程中,教师还要引导学生大胆发言,相互启发,互勉互励,共同促进学习的正迁移。

注：

[1] 徐利治，朱悟槚，郑毓信．数学方法论教程[M]．南京：江苏教育出版社，1992．
[2] 吴增生．数学思想方法及其教学策略初探[J]．数学教育学报，2014，23(3)：11-15．

数学方法论及其应用

数学中大多数抽象推广来自描写和解释人的环境的企图，历史上的确如此。这种抽象和推广不仅因其本身有趣，而且常常被证实是能容纳具体的解释与应用的。看来有一种确定的循环的模式。实际情况引起了数学公式，后者又引起了推广和抽象，推广和抽象又被发现在新的应用中有用。数学之伟大功能和影响依赖于这种模式的保持。对纯的或应用的数学，对于强调任何一个而忽视另一个，都必然会削弱二者。

—H. Barker and C. Konove

19 世纪初引入的两个新思想，深刻地扩展了数学的领域。第一个思想是，数学并不局限于数和形，它可以有效地处理任何事情（尽管“任何事情”常常以某种方式与数和形相联系）。第二个思想则进一步发展抽象，有时把数学看作纯逻辑过程，认为它与任何事情无关。科学家和数学家不同之处是他们被第一个思想所吸引，因为这个思想指出了数学的应用范围可能比以往想象得更加广泛。第二个思想则是更多地感染了纯数学家，他们已经把数学看作仅仅是对美丽模式所进行的研究。在这两种观点中并无真正的冲突。一个因其美丽而被数学家构想出来的模式可能被证明恰好适合物理世界的某些方面；相反地，被科学家在自然中发现的某些数学模式已被证明本来就是异常美丽的。

—W. W. Sawyer

纵观数学发展的历史，任何重大问题的解决或重要理论的诞生都伴随着观念的改变或重要思想方法的变革。切线问题与面积问题的解决导致了实无穷小方法的诞生，而为解决由无穷小悖论引发的第二次数学危机，数学家又创立了体现潜无限思想的极限方法。欧几里得《几何原本》第五公设的讨论导致了非欧几何的诞生。为解决一元五次方程是否存在公式解的问题，伽罗华建立了具有划时代意义的群论，等等。数学思想方法是数学知识在更高层次上的抽象与概括，是数学家集体智慧的结晶，是长期的数学实践积累而成的文化瑰宝，也是进行数学创造、教书育人的精神财富。数学教育的重要性在前面已经跟大家讨论过了，不过脱离了实际的理论都是空谈，要如何落入实际，实际效果怎么样，才能验证是否为一个好的方法。第三部分主要介绍数学方法论及其应用，主要体现在两个方面：第一，如何利用数学方法论分析大学数学中基本概念、基本原理的抽象过程，由此成为组织课堂教学内容的重要依据；运用数学思想方法对教材中某些结论进行创造性的推广或揭示不同理论体系中相关内容的联系。第二，结合作者多年来所取得的科研成果，指出数学方法论在数学研究中的作用，自觉地运用数学方法论更容易发现问题，更有效地解决问题。

第 17 章　数学方法论与数学文化的作用

早在 20 世纪 80 年代初期，徐利治先生就在中国倡议数学方法论的学习和研究，并在随后的数年间数学方法论陆续在我国部分高校开花结果，相关专著和论文也不断涌现。据了解，至今在全国已经举办了 10 多届数学方法论与数学教学研讨会。有关数学文化课程建设的教改活动在高校中也不断展开，目标是培养学生的科学素养与人文素养，全面育人。而数学方法论是数学文化的一部分，其研究内容以及由此提出的教改模式即 MM 教学法早已在全国中小学、部分高等师范院校开展起来，并且达到较好的实验效果。可是目前在全国部分高校掀起的数学文化课程建设以及高校开展该课程教学的主题内容是什么？这与数学方法论有什么区别呢？它们之间的关系是什么？就这样的问题，我们做出简要的分析。

17.1　数学文化

先简要回顾一下人们对文化与数学文化的认识。文化，是人的活动对大自然的变革所创造的物质与精神财富的总和。费孝通先生对“文化”作了简洁解释，即：“人为，为人”，即凡是非自然的，由人类发明创造，而又服务于人的福利的东西都叫作文化[1]，所以文化本质上是“人化”，即把人从作为动物的自然人“化”为能参与社会群体生活的“社会人”。对于文化的内涵，杨叔子院士和王义遒教授分别给出了具体解释。杨院士认为[2]，文化的内涵至少有 5 个方面：知识、思维、方法、原则与精神。他解释说，没有知识就没有文化，没有思维的知识是没有力量的文化；方法是文化的根本，方法是知识、思维同实践的桥梁；原则是文化的精髓，而精神是文化的灵魂。这5个方面的内容不是孤立的，而是密切相关的，它们相互渗透、相互融合形成数学文化的整体内涵。王义遒教授[1]认为，文化的内涵有3个方面：一是物质层面上的，二是制度方式层面的，包括处世的礼仪规范和事业运行的方法规则等，三是精神层面的。其实杨院士的5方面与王教授的3层面是一致的：知识方面就是物质层面上的东西，思维、方法与原则是制度层面上的，而精神就属于精神层面上的。只是他们对文化内涵的认识方式不同，杨院士是从文化的人化角度给出定义的，而王教授是从辩证唯物论角度定义的，他们本质上是一样的。

数学文化是文化的一部分，其内涵有物质层面上的——数学知识，包括数学的定义、性质、公理、定理、推论等；制度层面上的——数学学习和研究的思维机制、方法、发现与发明数学的基本原则、数学美学思想等；精神层面上的——从事数学学习、研究应有的态度和品格等。从数学文化的内涵上来看，数学文化具有科学文化和人文文化功能，也就是，数学文化的物质层面就是让学生学到基本的数学知识、基本运算技能和基本的应用技能，掌握应有的基础数学知识是学习数学的根本；而这些基本数学知识是如何得来的，又是如何演绎的，也就是需要我们弄明白数学知识的“源”与“流”。其中的思维方法，比如，类比、联想、不完全归纳等形象思维起着关键的理解作用，而这些思维方法也广泛应用于社会生活中，这充分体现了数学文化的人文作用。而数学文化精神层面的态度和品格有助于培养学生正确的人生观。通过数学文化的学习，学生能深刻认识到数学知识的产生是需要经过几代数学家的艰辛劳动和坚韧不拔的毅力得到的，从中付出了大量的心血和汗水，以此培养学生吃苦耐劳、尊重他人劳动的正确人生观，这也是数学文化的人文功能。正是数学文化具有这样的文理交融特点，数学文化课程建设及其教改工作目前在全国部分高校正在轰轰烈烈地展开。2008 年 7 月，召开了第一届“全国高校数学文化课程建设研讨会”（以下简称研讨会），这是首次举办这样的研讨会。2011 年 7 月在南开大学召开了第二届研讨会，参加人数比上一次多，规模大，有许多学者在会上做了指导性的工作报告。第三届研讨会是 2014 年 8 月在大连理工大学召开的，这次会议参会人员达到近 400 人，规模更大，层次也更高，有 28 位学者、教授做了大会发言，包括教育部原副部长周远清先生、中国高等教育学会会长瞿振元教授、高等学校“大学生文化素质教育指导委员会”主任杨叔子院士（书面发言）、南开大学原校长侯自新教授、北京大学原常务副校长王义遒教授、南开大学全国教学名师顾沛教授等。顾教授特别指出了数学文化课程研讨会“一呼而起，久盛不衰”的 3 个原因[3]：一是它顺应了素质教育的潮流，顺应了文化素质教育的潮流；二是它“文理交融”的特色；三是它强调培养学生的数学思想、数学素养。本次大会的主题是“育人为本，进一步提高数学文化类课程的质量”。其发展趋势有两个方面：一是“推广”；二是“提高质量”。关于如何推广、如何提高质量，这里就不展开讨论了。

如何建设数学文化课程？南开大学开设的数学文化课程是我们的借鉴，他们确定的课程选材原则是[4]：“第一，以数学史、数学问题、数学知识为载体，介绍数学思想、数学方法、数学精神；第二，涉及的数学知识深浅适当，以能讲清数学思想为准，使各专业的学生都能听懂，都有收获；第三，开阔眼界，纵横兼顾，对于数学的历史、现状和未来，都要有所介绍，对于数学与人文的各种关系，都要有所涉及。总之，选材要贯彻素质教育的思想，要注意科学精神与人文精神的交叉与融合，既要着眼于提高学生的数学素质，又要着眼于提高学生的文化素质和思想素质。”为了增添数学文化课的兴趣性，南开大学“从数学典故、数学问题、数学方法、数学观点、数学思想等角度切入，进行教学。”取得了很好的教学效果。2008 年由高等教育出版社出版了他们的著作《数学文化》，已成为许多高校的公选教材。

17.2 数学方法论

数学方法论是在美籍匈牙利数学家波利亚的名著《数学的发现》《数学与猜想》《数学解题》等基础上，于20世纪90年代在中国兴起的，这远早于目前开展的数学文化课程建设及教学改革。数学方法论的学习与研究工作是以著名数学家徐利治先生于1983年4月出版的《数学方法论选讲》(简称《选讲》)为标志，在全国教育界引起了轰动，开展了热烈讨论。在这基础上有关数学方法论丛书，比如《关系映射反演方法》(徐利治，郑毓信著)《数学中的美学方法》(徐本顺，殷启正著)《数学的特殊化与一般化》(阴东升，卞瑞玲，徐本顺著)等陆续出版，这进一步丰富和完善了数学方法论的研究内容。那么什么是数学方法论呢？徐利治先生在其《选讲》中早就给出了回答[5]："数学方法论主要是研究和讨论数学的发展规律、数学的思想方法以及数学中的发现、发明与创造等法则的一门学问"。研究和讨论数学发展规律的途径可从中外数学发展史的丰富材料中归纳出来，由谁来归纳？一般来说，数学专家的归纳结果最让人信服，因为他们具有丰富的科研经验，他们能从数学发展史中洞察到引进数学知识点的"源"和"流"，他们会从中总结归纳出研究者采用了什么样的数学思想和方法，而这样的思想方法是否具有普适性等。从数学发展史中研究数学的发现和发明规则不是件容易事，研究者需要具有较强的数学科研能力才能真正捕捉到。就同一个数学问题，很有可能出现这种情况：发现和发明数学问题的数学家与研究它的数学家在发现和发明思维上殊途同归，或者不谋而合。因此，具有较强数学科研能力的数学工作者总结归纳的发现、发明原则具有较强说服力和可信度。美国科学院院士、数学家波利亚的《数学的发现》《数学解题》等名著，真实地反映了他从事数学研究的思维方法、思维方式的体会或者叫心得，指出了数学问题的提出和解决途径，波利亚的这项杰出工作比他在数学上做出的数学发现或创造更有意义，对世界各国的数学教育产生了巨大的影响。他的专著被翻译成多种文字，在全世界流传。数学家徐利治先生在函数逼近论、组合数学等数学分支方面做出了卓越贡献，这是有目共睹的。因此，他的数学方法观点具有极大的可靠性和说服力。比如，徐先生总结归纳出来的关系映射反演原则（也称为 RMI 原则）是解决数学问题的一个重要法则，是对傅立叶变换思想的概括、升华。不仅如此，徐先生将数学思想方法与马克思的辩证唯物主义观相结合，提出了具有中国特色的数学方法论观点。他从认识论和本体论角度，提出了“数学是一种模式真理”的数学真理观，并对数学的真理性程度做了详细分析。根据他及其合作者的观点，数学模式在本体上就具有两重性：就内容而言，具有明确的客观意义，是思维对客观存在的能动反映，因此数学是发现的；就其形式而言，数学不是客观世界中的真实存在，它只是创造性思维的产物，因此数学又是发明的。那么，发现数学、发明数学靠什么手段或方法？徐先生从个人的科研经验和体会以及对数学发展史的挖掘，总结出了下面的常用规则[6]：特征概括原则、强化结构法则、新元素添加完备化法则、对偶原理、排除悖论法则等。关于这些法则的具体解释和应用，可参考徐先生的有关数学方法论文集[5]和[6]，这里就不再赘述了。进一步的问题是：研究和讨论数学方法论的目的是什么？从教育层面上看，数学方法论具有培养学生科学素养和文化修养的功能；从科学研究层面上看，数学方法论具有发现问题、解决问题的创新指导作用；从数学方法论本身而言，其研究内容非常丰富，包括数学与思维、数学与哲学、数学史与数学发展史志、数学发展与近代科学技术的关系等等。因此，我们称以上三方面为数学方法论的三大功能。我们只就前两个功能以 MM 教学法为例做一下简单说明。

1989 年，徐利治先生及其合作者提出了运用数学方法论观点指导数学教学的一种新模式,称为 MM 教育方式[6-7],其核心就是指导学生如何去发现数学、发明数学,又是如何解决提出的数学问题。这种方法不是波利亚教学模式的复制品,而是发展了波利亚的数学思想,结合中国教育体系和学生学习特点提出的新教学法,使这种教学法在教学中充分体现数学科学的科学功能和人文功能。也就是说,MM 教学法以数学知识为载体,既教猜想又教证明。教学过程充分体现以下 8 个方面[7]:数学的返璞归真、数学中的美育、数学的发现法、数学家的优秀品质、数学史志、数学中的演绎推理、合情推理以及一般解题法。运用数学思想和方法引导学生“返璞归真”,即数学问题是如何提出的,又在什么基础上演绎的,数学家经历了什么样的磨难和失败才最终获得真理;或者一个数学问题的提出是用类比方法还是归纳方法得到的,或者是从特殊如何进行一般化的,等等。这种思维过程就是逻辑思维与发散思维交织进行的过程,是数学方法论指导数学教学的基本要求,这就体现了数学方法论的科学和人文教育功能。这样的教学法比传统的定义、性质、公式、定理一条线教学方式有趣得多,在这种形式的教学过程中,学生既掌握了知识,又学会了运用数学思想方法化未知为已知、化不熟悉为熟悉、化繁为简、化难为易。徐利治先生和徐沥泉教授曾经指出[7]:“学习数学的困难并不是它本身的抽象形式,而是离开了它抽象的背景,离开了用似真推理来发现它的过程,离开了在受到挫折以后对反馈信息的分析,离开了生动活泼的创造发明的活动机制”。自 1990 年以来,MM 教学方式由中学发展到小学、职校和高师,由无锡推广到全国,实验班由几十个发展到两千多个,不仅如此,MM 教学方式还传播到海外[8]。实践证明,MM 教学法是行之有效的,值得继续实验和推广。到目前为止,“数学方法论与数学教学研讨会”在全国已经举办了 10 多届,方兴未艾。另外,数学方法论除了对数学教学具有强有力的指导作用外,对从事数学研究的工作人员来说,也具有指导作用,这是因为数学思想方法来源于具体的数学研究体会，是不同数学知识的方法和思想的升华。运用数学方法中的理论方法，能宏观地指导科技工作者如何提出新的数学课题、新的研究方向，能指导科技工作者如何解决自己或者别人提出的数学问题。一般来说，基础越宽厚，发现问题、解决问题的能力就越强。但值得一提的是：这不是绝对的，还取决于是否具有一定的数学潜意识。阿达玛在其专著《数学领域中的发明心理学》中曾经指出："大家知道，有许多人无法胜任数学工作，甚至无法学懂数学。这个问题也被庞加莱深入地研究过。他认为主要的问题在于不能真正地理解。"但还要指出的一点是：数学家的数学潜意识能力或者数学直觉能力无法让人去解读。比如，黎曼提出的黎曼猜想，也就是希尔伯特 23 个问题中的第 8 问题，半个多世纪以来，虽然人们花费了巨大劳动，在这方向上取得了某些极为有趣的发现，但却仍然未能肯定或否定这个猜想。再比如，当伽罗瓦知道勒让德的几何后，立刻被数学吸引住了，在他决斗的前夜，匆忙整理了自己的发现，先是扼要地写出了他的那些手稿，这些手稿曾被科学院认为是不可理解而被拒绝接受，接着他在写给他朋友的一封信中，仓促地写上"我没有时间"。像这样的例子在数学史上有很多，费尔马、庞加莱、欧拉等，都是杰出的数学发明大师，都具有极高的让人难以理解的数学直觉能力。

数学方法论是数学文化的核心内容。从隶属关系上来看，数学方法论是数学文化的一部分，但从我国发展历史上来看，数学方法论理论的学习和研究比目前开展的数学文化课程建设与相应的教改工作早得多。在许多数学工作者、哲学家的共同努力下，数学方法论理论已经形成了比较完整的理论体系，相应的教改方法 MM 教学方式已经在中、小学成功实施。而数学文化课程，是从 20 世纪初才开始在高校展开讨论和建设的，其目标前面已经提到了，就是提高大学生的科学与人文素养，全面育人，这与早期的数学方法论的功能是一致的。因此，从教育功能上来看，正在建设的数学文化课程与数学方法论是一样的。我们建议在高校开设数学方法论与数学文化课程的理论学习和研究，如果只注意到数学的科学性和工具性而忽视数学的人文性、价值理性；注意到数学知识的传授而忽视了数学所包含的思维、方法、原则和精神，就割裂了数学的整体性，进而也就失去了数学和数学教育的“灵魂”。

注：

［1］王义遒. 从 130 和 50 年前的两场争论说到数学文化［J］. 数学教育学报，2014(23)：7-14.

［2］杨叔子. 数学很重要，文化很重要，数学文化也很重要［J］. 数学教育学报，2014，(23)：4-6.

［3］顾沛. 为什么数学文化课程能够“一呼而起，久盛不衰”［J］. 数学教育学报，2014，23(6)：17-19.

［4］顾沛. 数学文化课的探索与启示［J］. 中国大学教育，2012(2)：17-19.

［5］徐利治. 数学方法论选讲［M］. 南京：江苏教育出版社，1990.

［6］徐利治. 畅谈数学的学习和研究方法［M］. 大连：大连理工大学出版社，1989.

［7］徐利治，徐沥泉. MM 教学方式简介［J］. 自然杂志，2008，(30)：138-142.

［8］林夏水. 从 MM 教育方式到 TEC 教学方式［J］. 数学教育学报，2007(16)：1-3.

第 18 章　用数学方法论指导大学数学教学

没有数学思想方法就没有数学知识的产生，数学思想方法隐含在数学知识形成过程中。在数学课堂上，脱离数学知识讲授数学思想方法是空洞的、抽象的；离开数学思想方法，数学知识的形成过程也就失去了方向，学生所获得的只是僵死的、毫无生机的数学知识。大学教师应学习和研究数学思想方法，并用其指导大学数学，以此培养大学生学习大学数学的学习兴趣，培养学生合情推理、发现数学、发明数学的能力。

18.1　学习和研究数学方法论的必要性

关于如何加强和提高大学数学的教学与研究早已不是新鲜课题了，人们对此问题的研究论文和报告也不计其数。既然这样，为什么这里还要讨论该问题呢？原因之一是有许多大学数学教师没有重视数学方法论教学模式，给学生上课通常是照本宣科或用多媒体浓缩教材知识点、增加题型和历届考题，不断强化公式、定理的记忆和大量练习，应对统考。这样的教学模式往往不能培养学生的学习兴趣，学生为了考试过关拿文凭不得不去学习，为了考研不得不去学习，表面上看，努力学习的学生都是对数学感兴趣吗？值得怀疑！这样的教学模式也无助于培养学生发现问题、发明问题和解决问题的能力。原因之二是通过文章进一步宣传中国著名数学家徐利治先生及其合作者倡导的数学方法论教学思想方法，期望能引起大学教师重视学习和研究数学思想方法论，并能应用到实际教学过程中，哪怕是给学生介绍一点这样的知识，学生能学会或了解一点也是可喜的。这里首先简单介绍数学方法论的有关概念及其作用,然后结合教师的部分教学内容谈谈在教学过程中如何渗透数学思想与方法,期望目标是培养学生学习数学的兴趣,培养他们数学地思考问题、解决问题。徐利治先生在文献[1]中指出:"数学方法论主要是研究和探讨数学的发展规律,数学的思维方法以及数学中的发现、发明与创造等法则的一门学问。"任何一门学科都有其内在的发展规律,数学当然也不例外。从认识论角度看,数学是一种模式真理,这样的模式是客观存在的。另一方面,任何数学知识来源于具体的现实原型,因此数学是人们从具体问题中抽象出来的模式,并且这样的模式是不断发展变化的。对于"数学的思维方法",徐利治先生及其合作者在文献[2]中给出了清晰的表述:" 数学思维有两重性,一类是进行逻辑推理的抽象思维,另一类是进行合情推理或似真推理的形象思维。后一类思维的具体表现形式是观察、实验、类比、联想、不完全归纳等。"数学知识的产生过程就是一种创造性过程,在这一过程中不仅需要逻辑思维,更需要形象思维或直觉思维。关于逻辑思维与直觉思维,M. 克莱因曾指出:"数学的最大进步是由具有杰出的直觉能力的人推动的,而不是由具有构造严格证明能力的人推动的。"[3]他又说:"数学主要是一项创造性活动,因此它要求想象、几何直觉、实验、有见识的猜测、尝试与错误、模糊的类比以及疏忽和摸索。每一个数学家都知道,创造性努力需要艰难的工作、困惑苦恼和真正的思维,他们也知道所导致的成就的含义。详细写出最终的演绎公式是一项厌烦的任务。"[3]据了解,部分大学教师的教学侧重于逻辑推理,给定命题 A 如何演绎地推出命题 B,至于命题 B 的似真推理几乎不考虑.究其原因是他们确实不了解或者没接触过数学的发现、发明与创造等相关内容,当然更不知道数学发现的思维规律。大学教师应该了解数学的发生发展规律,学习或研究数学的发明创造心理机制;教师不仅要教会学生具体的基本数学知识及逻辑推理能力,而且还要教会学生如何发现数学、创造数学及应用数学，力争戒除数学知识从天而降，力争戒除“只见树木，不见森林”，让学生学会数学的源与流，解决这样问题的钥匙就是学习和研究数学方法论。说到这里，有人可能提出质疑：没有学习和研究过数学方法论的数学教师就不能教好学生了，就不能发明创造数学了？首先要解决一个问题：怎样才算教好学生？一般人认为：把所学的数学知识能融会贯通，考试考出好成绩就是教好学生了。这的确没错，教学目的之一就是教会学生所学基本知识和基本技能。真正教好学生的教师本身就对数学有其自己的特殊理解，虽然他没有学过数学方法论，但他是合情推理的高手，是数学方法论专家。很多的数学方法论专家都是在数学界很有名望的数学家，这些数学家把自己从事研究工作的思想和方法总结出来，就形成了数学方法论的核心内容。美籍匈牙利数学家波利亚将自己研究工作的体会提炼出来，完成了许多名著，比如，《怎样解题：数学思维的新方法》(上海科技教育出版社，2007)；《数学与猜想：合情推理模式》(科学出版社，2001)。再举个例子，郑州大学原校长、国内外知名数学物理专家曹策问先生没有学过数学方法论，但他的教学得到了学生的一致赞赏。要知道“点集拓扑学”并不是多么容易理解的大学高年级课程，可是听过曹老师讲过这门课程的大学生在应聘工作时，就讲这门课。这就说明，学生是心里很有底，是真懂了。曹老师是怎么把学生教懂的呢？他用了什么样的教学方法？这很值得探讨。另外，他创造发明的数学物理分支——非线性化方法是国际上独树一帜的，他是国内可积系统理论的第一人。凡是听过他学术报告的人都有体会，他的学术报告不光内容丰富新颖，而且充满着数学哲理。他是怎么做到的呢？据猜测就是学习和研究数学达到一定程度后的体会，是知识的升华，升华的结果总结出来就丰富了数学方法论的理论。但对于大多数人来说，能体会到这样的程度是不容易的甚至是不可能的，正是因为这样，人们才宣传他们提出的数学思想方法，学习数学思想方法，进而用于数学教学和研究工作中。

18.2 数学方法论教学方式及应用

徐利治先生在文献[2]中提出了数学方法论的教学方式，简称MM方式。他特别指出了MM方式的作用：改变过去学生学习的被动局面，使他们对既教证明又教猜想的探索规律产生浓厚兴趣，整个教学过程也就融入发明发现的主旋律之中。关于数学方法论方面的论著国内外不计其数，其中徐利治先生的《徐利治论数学方法论学》(华中理工大学出版社，2000，第3版)；徐沥泉教授的《数学·研究·发现——MM方式演绎》(科学出版社，2003)；美籍匈牙利数学家波利亚的《数学与猜想》(第一、二卷)(李心灿译，科学出版社，1984)等著作都是学习和研究数学方法论的优秀教材。学习数学方法论的目的就是应用到教学与科研活动中。这里只讨论数学方法论在教学活动中的应用，关于这方面的研究工作有很多值得学习和参考的论文，比如，文献[4]中提出了高校数学教学的行为分析；文献[5]提出了研究性学习数学分析的教学实践；文献[6]就高等数学的教学改革提出了自己的独特见解；文献[7]就极限概念的教学提出了系统的分析。下面以《微分方程数值解法》(第4版，李荣华，刘播，高等教育出版社，2011)(以下简称教材)中的一小部分内容谈谈个人的体会，但不够成熟，在今后教学过程中将不断充实和改进。第五章的第一节是关于二次函数的极值教学。教材首先回顾了n维欧氏空间R_n中的内积定义：对于R_n中的任意两个向量$x=(\xi_1,\xi_2,\cdots,\xi_n)^{\mathrm{T}}$，$x=(\eta_1,\eta_2,\cdots,\eta_n)^{\mathrm{T}}$，定义内积为

$$(x,y)=\xi_1\eta_1+\xi_2\eta_2+\cdots+\xi_n\eta_n \tag{18.1}$$

其特点是各项系数为1的特殊二次函数，将式(18.1)特殊化，即取向量x和y相等时，式(18.1)就变成了下面的公式：

$$(x,x)=\xi_1^2+\xi_2^2+\cdots+\xi_n^2 \tag{18.2}$$

改写式(18.2)的左端为 $f(x)=f(x,x)=f(\xi_1,\xi_2,\cdots,\xi_n)$，则有

$$f(x)=f(\xi_1,\xi_2,\cdots,\xi_n)=\xi_1^2+\xi_2^2+\cdots+\xi_n^2 \tag{18.3}$$

式(18.3)是 n 元函数的二次函数的特例，即只含平方项。联想到一元二次函数的一般形式为 $f(x)=ax^2+bx+c$，二元二次函数的一般形式为

$$f(x,y)=ax^2+by^2+cxy+dx+ey+h,$$

其中，a,b,c,d,e,h 为常数。

于是式(18.3)的一般化形式，即 n 元二次函数的一般形式应该设为如下形式：

$$F(x)=\sum_{i,j=1}^{n}a_{ij}\xi_i\xi_j+\sum_{i=1}^{n}c_i\xi_i+d \tag{18.4}$$

以上分析表明，从已知的内积式(18.1)通过特殊化与一般化思想，引进了一般的 n 元二次函数(18.4)的表达式。一般化与特殊化是一对哲学概念，也是数学方法论中合情推理原则之一，其详细含义及其作用与功能，请参看文献[8]。

由于这节的目标是求 n 元二次函数的极值，于是立即联想到数学分析中学习过的多元函数极值的求法. 如果求 $F(x)$ 在点 $x_0=(\xi_1^{(0)},\xi_2^{(0)},\cdots,\xi_n^{(0)})^{\mathrm{T}}$ 处的极值的话，则必有：

$$\frac{\partial F(x_0)}{\partial \xi_k}=\sum_{i=1}^{n}(a_{ik}+a_{ki})\xi_i^{(0)}+c_k=0 \tag{18.5}$$

这是二次函数在点 x_0 处取得极值的必要条件。方程(18.5)酷似高等代数中学习过的 n 元非齐次方程组 $Bx=b$ 的分量形式，但又不是。由观察法可见，如果给方程(18.5)施加一个条件：$a_{ik}=a_{ki}$ 的话，则式(18.5)就可写成下面形式：

$$2\sum_{i=1}^{n}a_{ki}\xi_i^{(0)}=-c_k \tag{18.6}$$

记 $A=(a_{ij})_{n\times n}$, $b=(b_1,b_2,\cdots,b_n)^{\mathrm{T}}=(-c_1,-c_2,\cdots,-c_n)^{\mathrm{T}}$，则方程(18.6)化为矩阵形式

$$2Ax_0=b \tag{18.7}$$

于是二次函数(18.4)在 x_0 点取得极值的必要条件为 x_0 满足方程(18.7)。考虑到数学美学中的简洁性,需要把式(18.7)中左端的常数2去掉,这样的话就需要修改 n 元二次函数(18.4)的表达式,即为

$$\widetilde{F}(x)=\frac{1}{2}\sum_{i,j=1}^{n}a_{ij}\xi_i\xi_j+\sum_{i=1}^{n}c_i\xi_i+d \tag{18.8}$$

利用内积的定义,可将式(18.8)写成简单形式:

$$\widetilde{F}(x)=\frac{1}{2}\sum_{i,j=1}^{n}a_{ij}\xi_i\xi_j+\sum_{i=1}^{n}c_i\xi_i+d=\frac{1}{2}(Ax,x)-(b,x)+d \tag{18.9}$$

于是知,二次函数(18.9)在 x_0 取得极值的必要条件是 x_0 满足下面方程

$$Ax=b \tag{18.10}$$

而二次函数(18.9)在 x_0 取得极值的必要条件与下面更简单的二次函数是相同的:

$$J(x)=\frac{1}{2}(Ax,x)-(b,x) \tag{18.11}$$

这就是教材上引进的二次函数。因此,得到结论:

结论1:二次函数(18.11)在 x_0 取得极值的必要条件是:x_0 满足方程(18.11)。

按照教材内容,下面讨论二次函数(18.11)取得极小值的充分必要条件。若 $J(x)$ 在 x_0 取得极小值,由极小值的定义,则对于任一 x_0 邻近的 n 维非零向量 y,应该有

$$J(y)>J(x_0) \tag{18.12}$$

根据数学方法论中的化归原则,能否将多元函数 $J(x)$ 的极小值问题转化为研究者熟悉的已经解决的更为简单的一元函数的极小值问题?对此,重新考察(18.12)中的 n 维变量 y。由于对于任

意 n 维的非零向量 x，邻近 x_0 的变量 y 可表示为 $y=x_0+\lambda x$，这里 λ 是不等于零的任意实数。于是(18.12)就可重写为：

$$J(x_0+\lambda x)>J(x_0) \tag{18.13}$$

这表明，若 $J(x)$ 在 x_0 取得极小值，则有(18.13)成立。观察到(18.13)左端有两个变量：一个是任意给定的 x，另一个是任意非零实数 λ，因此可视(18.13)的左端是关于实数 λ 的一元函数，记 $\varphi(\lambda)=J(x_0+\lambda x)$，

这样(18.13)就化为

$$\varphi(\lambda)=J(x_0+\lambda x)>J(x_0)=\varphi(0) \tag{18.14}$$

结论 2：式(18.14)表明：二次函数 $J(x)$ 于 x_0 取得极小值等价于一元函数 $\varphi(\lambda)$ 于 $\lambda=0$ 点取得极小值。

这样的话，可将二次函数 $J(x)$ 于 x_0 取得极小值的充分必要条件化归为考察一元函数 $\varphi(\lambda)$ 于 $\lambda=0$ 取得极小值问题。这样的分析实属数学方法论中的熟悉化原则：将不熟悉的或待解决问题通过某些数学手续化归为熟知的或已经解决过的问题。

这是学习和研究数学中大脑需要有的潜意识，这样的意识就有可能成功解决问题。

因为 A 是对称矩阵，所以很容易地将 $\varphi(\lambda)$ 改写为：

$$\varphi(\lambda)=J(x_0+\lambda x)=J(x_0)+\lambda(Ax_0-b,x)+\frac{\lambda^2}{2}(Ax,x) \tag{18.15}$$

若 $J(x)$ 于 x_0 取得极小值，则由结论 2 知 $\varphi(\lambda)$ 于 $\lambda=0$ 取得极小值，因此有 $\varphi'(0)=0$，即有

$$(Ax_0-b,x)=0,\ \forall\, x\in R^n$$

由 x 的任意性就得到 $Ax_0=b$，所以 x_0 是方程(18.10)的解。由于 $\varphi(\lambda)$ 于 $\lambda=0$ 取得极小值，所以在 $\lambda=0$ 点的充分小邻域内的导函数 $\varphi'(\lambda)$ 是单调递增的，因此有 $\varphi''(\lambda)>0$。特别地，有 $\varphi''(0)=(Ax,x)>0$。这表明矩阵 A 是正定的。

反过来，若 A 是对称正定矩阵，x_0 是方程(18.10)的解，即有 $Ax_0=b$，则由式(18.15)知：

$$\varphi(\lambda)=J(x_0)+\frac{\lambda^2}{2}(Ax,x)>J(x_0)=\varphi(0),x\neq 0,\lambda\neq 0。$$

这说明 $\varphi(\lambda)$ 于 $\lambda=0$ 取得极小值，再由结论 2 知，$J(x)$ 于 x_0 取得极小值。将上面的讨论结果总结出来就是教材中的定理 1.1。

以上分析看上去有些复杂，但在实际教学过程中不需要花费很长时间，却能达到良好的教学效果。教学实践表明：这种处理教材的方法不仅能激发学生学习数学的浓厚兴趣，而且对于本章后续有关内容的顺利讲解就有了保障，因为教材的后面章节中讲的变分原理和虚功原理就是基于二次函数(18.10)和方程(18.11)建立起来的，区别就在于那里的内积运算是根据给定的不同方程得到的。如果按照这样的教学方式教学的话，无疑有助于学生进一步理解所学习的基础知识的来龙去脉，基本戒除了数学知识从天而降的问题，培养他们学习数学的兴趣以及探究数学发现、发明的能力。

建议在大学数学教学中，用徐利治先生与徐沥泉教授提出的 MM 教学方式备课、授课，这样的教学方式是将数学方法论应用到大学数学教学中的一个范例，应该予以推广。

注：

[1] 徐利治. 徐利治论数学方法学[M]. 济南：山东教育出版社，2001.

[2] 徐利治，徐沥泉. MM 教育方式简介[J]. 自然杂志，2007，(3)：138-142.

[3] KAPUR J N. 数学家谈数学本质[M]. 王庆人，译. 北京：北京大学出版社，1989.

[4] 王光明. 高效数学教学行为归因[J]. 数学教育学报，2010，19(5)：75-79.

[5] 葛仁福. 基于研究性学习的数学分析教学实践[J]. 数学教育学报，2013，22(1)：80-82.

[6] 王立冬，马玉梅. 关于数学教育改革的一些思考[J]. 数学教育学报，2006，15(2)：100-102.

[7] 付夕联，张玉峰. 极限概念教学的系统分析[J]. 数学教育学报，2013，22(1)：83-88.

[8] 徐利治. 数学方法论选讲[M]. 武汉：华中理工大学出版社，2000.

第19章 极限概念教学的系统分析

以极限理论为建构基础的微积分是高等院校开设的重要公共基础课程之一，而极限概念的教学一直成为人们讨论的焦点。许多学者从不同角度分析了极限概念教学的困难，并给出了相应的教学建议。文献[1]从方法论的角度分析了极限的“$\varepsilon-N$”定义的形成过程，在此基础上，借助于类比方法推出了函数极限的“$\varepsilon-M$”和“$\varepsilon-\delta$”定义。文献[2]则从潜无限与实无限这对对立统一思想出发剖析了极限概念的实质，并指出传统教学过程中的三点失误。文献[3]又从认知心理学的角度对极限概念学习的习得阶段、变式运用阶段以及运用和迁移阶段的认知障碍进行了研究与分析。而文献[4]则对学生在初等数学学习阶段接触的无限的知识以及个体无限认识层次做出了分析与调查研究。上述各种观点对极限及其相关理论的教学具有一定的指导意义和参考价值。根据研究者多年来的教学实践及体会，特别是在数学史、数学哲学与数学教育日益密切结合的今天，研究不应单一地从某一侧面对极限概念进行分析，而应以系统化的方法做出全面的分析。首先应从历史演变过程中加强对极限概念的整体认识。其次，要从极限概念的历史发展形成的文化环境中理解极限概念。第三，从极限概念的抽象过程认识其本身的规定性，即要从组成概念整体的要素的相互联系中来把握它的整体结构、功能和性质。也就是说，按照系统论原则，要从极限概念的内部结构和外部联系，从它的存在和发展的来龙去脉以及全部真实关系的总和中加以认识。下面拟从历史的角度分析柯西与外尔斯特拉斯给出的极限定义的特点；明确指出学习极限的“$\varepsilon-\delta$”(或“$\varepsilon-N$”)定义的必要性；挖掘其中的文化要素，并指出其教学意义；在此基础上给出极限精确化定义的教学策略。

19.1　柯西的极限定义

19.1.1　柯西极限定义产生的背景与过程

关于极限的朴素思想可以追溯到古希腊时代，它与古希腊时代的穷竭法有着思想上的联系。17 世纪，牛顿和莱布尼茨利用实无穷小方法创立了微积分，随着微积分在实践中所获得的巨大成功，实无穷观点在这一时期占据了统治地位。但由于对无限思想(实无限和潜无限)认识上的不足，在运算过程中出现了严重的逻辑矛盾，特别是 1734 年大主教贝克莱在《分析学者，或致一个不信教的数学家。其中审查现代分析的对象、原则与推断是否比之宗教的神秘与信条，构思更为清楚，或推理更为明显》一文中提出了著名的贝克莱悖论，使这一矛盾更加激化，导致了第二次数学危机，使数学家不得不进一步考虑微积分理论基础的建构问题。

在探索微积分理论基础的道路上，拉格朗日、罗依里埃、拉克鲁瓦、达朗贝尔等数学家都付出了艰辛的劳动，尽管没有得到明确的结果，但潜无限思想已开始取代实无限思想，并逐步进入人们的思想。对微积分的重要概念首次作出比较系统而严格叙述的是捷克籍的意大利教士、哲学家和数学家波尔查诺，波尔查诺第一次给出了一个精确的函数连续的定义，沿用至今，并给出了导数的定义。如果把拉格朗日等数学家的工作看成是极限理论的先驱的话，波尔查诺的工作则是向柯西极限理论的过渡。

潜无限完全取代实无限的工作是由法国数学家柯西完成的。柯西于 1823 年到 1829 年先后发表了 3 部关于分析学方面的著作《分析教程》《无穷小计算教程概论》和《微分学计算教程》。这些著作是以严格化为其主要目标的，成为向着数学分析全面严格化的第一步。在《无穷小计算教程概论》的前言中，柯西指出："我所遵循的方法和其他同类著作中阐述的方法在许多地方是不同的。我的主要目标是想要利用直接考虑无穷小量而产生的简单性来达到严格化，而后者则是我在《分析教程》中为自己规定的信条。"[5]柯西在《分析教程》中摆脱了与几何图形及几何量的任何牵连，给出了极限的概念："如果一个变量逐次所取得的值无限趋向于一个定值，最终使这个变量的值与该定值之差要多小就多小，那么该定值就称为所有其他值的极限。"

柯西以这一定义为基础重新定义了使人们感到困惑的无穷小："如果一个变量这样无限地减小，使其收敛到零，那么我们就说这个变量是无穷小。"从无穷小量出发，柯西重新定义了微积分中一系列重要概念。正是因为如此，柯西被认为是微积分理论基础的奠基人。

19.1.2 分析与启示

从上述极限概念的历史演变过程可以看出，极限概念是无穷小一般化的结果，即以函数有关无穷小运算的实例为抽象原型，借助于"特性分离一般化原则"[6]抽象出来的。在《分析教程》中，柯西是把无穷小量作为极限的一种特殊情况引出来的，即无穷小是极限概念强抽象的结果。至于无穷小与极限这两个概念之间的区别和联系，柯西在给蒂美尔曼(Timmermans)著的《微积分》写的序言中有过这样一段表述[7]："人们所采用的讲述无穷小计算(即微积分，calculus infinitesimal)的方式是由兰登(Landen)和达朗贝尔(d'Alembert)提出的，并且考虑了极限，这种方法从严格性和准确性来说，比完全缺乏这两点的对手，即无穷小方法具有很大的优越性，因为前种方法只对有限数量应用算术和代数的规则，从而可以掌握其要领；而后一种方法在考虑不能估计大小的数量时，却毫无根据地认为同样的规则一定正确，从而与人们的感觉和理解相违背。因为人们寻求只从极限原理用系统的和统一的方式导出微积分计算的所有命题;但莱布尼茨的老方法在简要和简单方面具有太大的优点,以至于人们不相信能够不讲到它,这就是为什么大部分的重要的证明都有双重证明的原因。一个是为了说服人,另一个是为了使人轻松点,并且加强记忆。当化到极限没有任何困难时,有时甚至于只用无穷小作出一个证明,读者总可以通过思考,使它具有其他证明所采用的更严格的形式。”

尽管无穷小与人们当时对无限的直观理解有一定的差距,但由于无穷小具有明显的简单性和直观性,在微积分发展的初期,无穷小概念主宰着人们的思想。而到了柯西时代,无穷小与极限可以说旗鼓相当,不分优劣,其应用普遍存在。

现行教材中用动态语言描述的极限的定义正是从柯西的极限定义演变而来的。但是“Cauchy 在微积分学历史上的地位,不是作为一个同旧传统决裂,清除陈旧的和腐朽的基础来给崭新的和坚固的基础腾出地盘的人,倒有点像承前启后的人物”[8]。也许正是由于受到传统观念和思想的影响,在柯西的极限定义中有许多语言是极其模糊的,诸如“无限地趋近”“要多小就多小”等这些动态语言的表达必然引起人们对运动和量的生成的模糊直觉,使人们不免把柯西的极限定义与芝诺悖论联系在一起,由此难以消除人们对无限理解上的困惑,无法把握极限概念的内在结构。按照数学抽象的基本原则——模式建构形式化原则,即“作为数学抽象物的量化模式在概念意义上就应具有一定层次上的普遍性和概括性,在表述形式上则应具有无歧义的逻辑精确性和简洁性”[6]。柯西的极限定义在内容上已具有一定意义上的普遍性和概括性,但却不具备表达形式上逻辑的精确性。而这正是特性分离一般化原则不可缺少的一个环节,即借助于明确的数学语言来表达分离出来的特性,从这种意义上来讲,柯西只完成了弱抽象的第一步。第二步则是由德国数学家外尔斯特拉斯完成的。

19.2 外尔斯特拉斯的极限定义及其意义

19.2.1 外尔斯特拉斯的极限定义

外尔斯特拉斯攻击“一个变量趋于一个极限”的说法，他认为这种说法不幸地使人们想起时间和运动。在他看来，要给出微积分一个严格的基础，必须用静态观念给出极限的定义。

外尔斯特拉斯首先把变量 x 解释成一个字母，该字母表示数集中的一个数，然后给出了连续变量 x 的静态定义“如果对某数集中任意一个 x_0 和一系列无论怎么小的 $\delta_i(i=1,2,\cdots,n)$，在区间 $(x_0-\delta_i,x_0+\delta_i)$ 内总有该数集中另外的值，称 x 为该数集中的连续变量。函数 $f(x)$ 在 x_0 点连续的定义是：如果对于任意的一个 $\varepsilon>0$，都存在一个 $\delta>0$，对于区间 $(x_0-\delta_i,x_0+\delta_i)$ 内的所有 x，不等式 $|f(x)-f(x_0)|<\varepsilon$ 恒成立，就说 $f(x)$ 在 $x=x_0$ 处连续。在这一定义中用 A 代替 $f(x_0)$，A 就是 $f(x)$ 当 $x\to x_0$ 时的极限。这就是现代极限理论中所使用的“$\varepsilon-\delta$”定义。相应地也可以得到数列的“$\varepsilon-N$”定义。

19.2.2 外尔斯特拉斯的极限定义的意义

首先，极限的“$\varepsilon-\delta$”定义是在柯西极限定义的基础上，利用静态观点进一步抽象而得到的。极限概念的形式化定义不仅提供一种证明方法，而且成为分析统一化和一般化的必要工具。在数学史上继欧几里得之后体现数学严格化的又一光辉典范，从而打破在此之前单凭直观、运动去研究某些变量问题的传统方法。其次，该定义的实质在于把有关无限过程问题转化为有限量之间的关系，消除了各种变量极限定义中的无穷小和无穷大的因素，从而回避了极限能否达到的问题，体现出用有限方法处理无限问题的重要思想，这与柯西的极限理论有着本质的区别。柯西的理论建立在潜无限的基础之上，潜无穷小概念是其体系的核心，柯西的概念完成了无穷小分析的发展阶段；而外尔斯特拉斯的理论则以真正的无穷小为基础，在外尔斯特拉斯的体系中，分析实质上变成了一门集合论的学科。第三，由于“$\varepsilon-\delta$”语言是使用距离来刻画自变量与函数及其所讨论数值的趋近程度的，这种定义形式可以发展为邻域语言或拓扑语言，当它推广为邻域语言之后，在微积分中，许多与正数有关的抽象的理论与证明都可以找到较为直观的几何背景，这对其相关的理论的理解与应用是十分有益的[9]。第四，外尔斯特拉斯的极限定义启示人们，在数学活动中，符号化的表述是绝对必需的，因为许多数学对象不能直接地去想象，符号语言不仅仅具有使思维外化和用于交流的简单功能，它对于认知功能和概念化也是不可缺少的。外尔斯特拉斯仅用 ε 和 δ 这两个符号刻画出极限概念内在的繁杂结构，也体现出数学家对简洁美、统一美和思辨美的追求。外尔斯特拉斯所给出的极限概念最突出的特征是通过“$\varepsilon-\delta$”方法建立整个分析的理论体系。F・克莱因在 1895 年外尔斯特拉斯八十大寿庆典上谈到那些年分析的进展时说：“我想把所有这些进展概括为一个词：数学的算术化”，而在这方面“外尔斯特拉斯作出了高于一切的贡献”[10]。希尔伯特认为：“外尔斯特拉斯以其酷爱批判精神和深邃的洞察力，为数学分析建立了坚实的基础。通过澄清极小、函数、导数等概念，他排除了微积分中仍在涌现的各种异议，扫清了关于无穷大和无穷小的各种混乱观念，决定性地克服了起源于无穷大和无穷小概念的困难。今天……分析达到这样和谐、可靠和完美的程度……本质上应归功于外尔斯特拉斯的科学活动。”[10]

“一个传递较多信息的陈述具有更大的价值或逻辑内容，因而它是更好的陈述。一个陈述的内容越丰富，它同我们的目标就越接近，也就是说就越接近‘真理’。”[11]在学习过程中，学生并非仅仅寻求一般的真理，而追求的应该是有益的、有启发性的真理，追求能解答有意义的问题的理论。以动态语言描述的极限定义是直观的，但太空泛太平凡。其次，由于形式逻辑只适用于静态对象的分析，即分析那些含义确定的概念及其关系。如果概念含义变化不居，那么最基本的逻辑规律（如“同一律”）也无法满足，逻辑分析工具便始终无法被协调运用了[12]。因此，在动态语言描述的极限定义的基础上也就无法严格地按照演绎方法展开相关的理论了。鉴于这一定义的不足与缺陷以及外尔斯特拉斯极限定义丰富的内涵和意义，讲授极限的“$\varepsilon-\delta$”或“$\varepsilon-N$”定义不仅是必要的而且是可行的。

19.3 极限概念形成过程中的文化内涵及意义

传统教材以及传统教学法的严重缺陷是学科与学科之间、领域与领域之间的孤立、分割，这个问题从杜威那个时代开始就一直受到批判。从生态学的角度看，知识的综合化、多元化是恢复数学课程内容之间生态关系、在教材内构建完整知识生态系统的重要途径。在这样的生态关系中，知识才能走向“动姿化”。在数学教学过程中，现在亟待需要加强的是数学史和数学哲学。数学教育不能割断历史，更不能脱离历史。数学史不仅能告诉人们数学思想的逻辑行程和历史行程，而且还有助于理解数学学科的社会角色和人文主义。数学哲学则被普遍认为是沟通数学与人文的桥梁，这就需要广泛利用数学史提供丰富生动的素材。研究表明，数学教师是否具有数学哲学、数学方法论、数学史、数学文化等知识储备已成为高效数学教学行为的内因之一[13]。有关数学史在数学教育中的作用出现了一系列文章[14-22]。概括起来有以下几个方面的作用：

（1）有助于认识数学对象的性质和存在方式，形成正确的数学观。

（2）考察数学在发展中遇到的障碍有助于解释今天的学生所遇到的困难。

(3) 有助于激发学生学习数学的热情，培养学生的浓厚兴趣，形成积极的学习态度。

(4) 历史问题的提出以及数学家解决问题的思考方式，特别是数学家创造性思维活动的过程有助于培养学生的思维。

(5) 数学史展现出数学知识的人文主义内涵。

(6) 数学史为教师的教学设计提供一个教学指南。如何充分发挥这些作用有待于研究者在实践中不断地探讨。

19.3.1　极限概念中的文化要素

历史是一种文化，它记载着数学思想的发生、发展的形成过程。数学发展是整个人类文化发展的重要组成部分，因此，“数学不应被等同于知识的简单汇集，而应主要地被看成是人类的一种活动，一种以‘数学共同体’为主题、并在一定文化环境中从事的创造性活动[23]。”阐述极限概念的历史发展，并不是原原本本地追寻历史，也不是在教学过程进行简单的移植和嫁接，而是对数学史材料特别是文化要素深入挖掘、提炼、改造和升华，与极限概念教学融合在一起，并在一定的文化环境中展现出来。极限概念的历史演变及形成过程体现的文化要素主要体现在以下几个方面：

(1) 历史背景：由无穷小悖论引起了第二次数学危机，数学家开始由实际问题的解决转向微积分理论基础的研究，拉开了分析严格化的序幕。

(2) 概念体系：函数连续的定义、函数极限的定义、无穷小与无穷大、数列极限的定义。其核心为极限的 ε-语言的描述。按照逻辑建构的顺序，体现出从一般到特殊的过程；从历史的角度，则体现出从特殊到一般再到特殊的过程。实际操作的方法则是类比方法。

(3) 历史及数学意义：外尔斯特拉斯极限定义的建立是分析严格化的标志；开创了用有限、静态方法研究无限、动态现象的先河。

(4) 思想观念：经历了从实无限到潜无限、从动态观念到静态观念的转变。实无限是一个现实的、完成的、存在的整体，即此外永无；而潜无限则永远处在不断构造的进程中，可不断延伸而永无尽头，即此外永有。实无限与潜无限具有与有限的不同本质属性，实无限是一种完成了的实体无限，潜无限是一种突破有限处于不断创生进程中的无限，实无限是潜无限的最终归宿，潜无限是实无限的必要构成，亦即实无限是通过潜无限表现出来的。在历史上的不同时期，实无限与潜无限是此消彼长、相互交替地统治着人们的思想，这从一个侧面说明了二者各具有合理性的客观存在。因此企图以一种无限观代替另一种无限观是不可能实现的[24]。对于极限概念，从动态观念到静态观念的转化过程本质上就是从无限转化为有限，即无限的过程应借助于有限量之间特有的结构来揭示。

(5) 演进及认知历程：极限概念演进是一个连续不断的过程：由不清晰的模糊概念开始，到它们的逐渐澄清，并达到一个稳定状态。柯西的思维线索按照归纳思维→抽象思维→演绎思维来进行的；外尔斯特拉斯的思维线索则是按照直觉思维→抽象思维→演绎思维而进行的。创造心理历程以辩证分析→观念选择→审美直觉→有用提取→有效组合的心理逻辑展开的。

(6) 数学家的生平：坚韧不拔、孜孜不倦地追求真理的一生；柯西对年轻数学家表现出的冷漠与外尔斯特拉斯对后起之秀的热心帮助形成了鲜明的对比，造成了二者晚年精神生活的巨大反差。

(7) 人格品质：深厚的数学修养和统一化的数学信念；对传统观念怀疑、批判的态度，合理继承前人成果的包容精神，善于挑战、敢于创新的精神；数学的严格化、简洁美、统一美和思辨美的追求。

19.3.2 文化驱动极限概念教学的意义

上述要素有机地结合在一起便构成了一个完整的文化系统，以此驱动极限概念的教学有重要意义。首先，中学生的数学观往往是静态的、绝对的、片面的和实用主义的。极限是中学生进入大学后不久就接触的重要概念，这正是处理中学与大学衔接问题的重要阶段，更是有利的时机。微积分的创立结束了古希腊几何学统治数学发展的历史，出现了带有思维创造特征而非直接立足于直观经验的数学对象，这有助于学生正确理解数学对象的演变及来源；而第二次数学危机的出现以及极限概念漫长的建构过程验证了数学发展的曲折性和数学真理的相对性等等。因此，在这一特殊的关键时期，利用极限概念形成过程中广泛的文化要素培养学生正确的数学观无疑是非常重要的。其次，微分学、积分学产生在前、极限理论建立在后，这一历史发展过程体现出逻辑与历史有时是不一致的；在数学发展过程中，先有实践，后建立或完善理论，或先建立理论，后有实践应用都有其合理性。这些史料对于充实课堂教学内容、开阔学生知识视野同样是有益的。第三，“质疑是科学研究的始点，培养创新精神，离不开对学生质疑思维的激发和保护。在我国，质疑思维是重要的，但质疑精神更重要[25]。”从实无限到潜无限，从动态观念到静态观念，无不体现出数学家不畏权威、敢于向传统思想观念进行挑战的勇气，这同样是激发学生质疑思维、培养学生质疑精神的重要素材。第四，极限概念形成过程中涌现出的数学家的崇高的信念、知识结构、思维方式、认知历程、学校教育、治学经验、个性品质以及思想活动特别是创造性思维活动的过程又会成为培养学生数学能力的极具启发性的资源，把这些资源融入课堂教学中，可以创造一个良好的学习情景，为学生进行创造性的学习奠定了基础。第五，数学学科的教育应该是一种完整教育，既要传授理性知识、培养学生的逻辑思维能力和逻辑实践能力，又要重视培养学生的形成目的和动机能力、灵感和直觉能力、猜测能力、表象能力、幻想能力、情感体验能力等非理性精神能力，以及意向、情感、意志、信念、信仰等非理性精神力量。而非理性精神力量的各种要素的有机结合，便构成一个既对立又统一，又相对稳定并不断变化的极其复杂的动力结构系统，这是一个具有始动、维持、调节、定向多种功能的动力系统，一个能使智慧潜能有效地转化为智慧行为的动力结构系统。认知心理学认为，这种动力是在内外诱因的诱使下内化为一种心理需求，这种需求同一定的目标相结合，就产生了为此目标而努力的动机，激励学生去积极行动。上述有机组合的文化要素为学生提供了丰富的信息资源，直接刺激学生学习过程的心理环境，对学生的理性精神世界和非理性精神世界的形成和发展都会产生积极的影响。

19.4 概念教学困难的突破

19.4.1 借助具体数列直观把握极限概念的内在结构

(1) 观察、归纳、抽象。观察不同数列变化的趋势，归纳其共有性质，抽象出极限如下的定义：如果当 n 无限增大时，a_n 无限趋近于某一确定的常数 a，则称 a 为数列 $\{a_n\}$ 当 $n\to\infty$ 时的极限。这一概念无疑是抽象思维的产物。马克思指出：在人类认识过程中存在着两条方向相反的道路，在第一条道路上，完整的表象蒸发为抽象的规定；在第二条道路上，抽象的规定在思维的过程中导致具体的再现。这也就是说，在这两条相互连接的道路上，认识开始由感性的具体表象通过思维活动分析出各种单向的、孤立的抽象规定；尔后，这些单向的、孤立的抽象规定又在思维的行动中被连接起来，综合成思维的具体再现出来。这一过程中，认识必须经历感性具体、概念的抽象规定和概念在思维中的具体 3 种状态。感性具体又指概念的感性映象，即通过感觉、知觉形成对常识性材料的初步心理表征，具有直接性、生动性和具体性的特点，是连接人的意识和外部世界的通道。抽象规定是从事物整体中抽取出来的个别成分。它包括两个阶段：即经过初级抽象得到的单纯知性的抽象规定，这是抽象的一般。再经过高级抽象得到理性的规定，其内部包含着若干要素的关联耦合或辩证矛盾，这是具体的一般。在上述定义中，体现出双重对应变化关系：对每一个确定的正整数 n 都唯一地对应着一个有限常量 a_n，当 n 变化时，a_n 是变化的；当 n 无限增大时，a_n 无限趋近于某一个确定的常量 a。而在 n 无限增大的过程中，依次取 $1,2,3,\cdots,n$ 所得到的一列数 $a_1,a_2,\cdots,a_n$ 体现出 a_n 的无限变化过程，蕴含着潜无限思想，数列 $\{a_n\}$ 无法真实地写出，该定义就无法暴露其内部要素 n、a_n 及 a 之间的耦合关系，也就是说不可能达到极限概念最深层的矛盾结构，也就无法理解“a_n 无限地趋近于某一确定的常数 a”的本质含义。因此上述定义从认识过程来看只能属于抽象规定的第一个阶段，即抽象的一般，必须进行进一步的高级抽象才能使其上升到具体的一般。

(2) 由抽象到具体，化一般为特殊。按照历史相似性理论，学生对于学习难点的理解以及转化过程与历史存在相似性。数学家在创造过程中遇到的困难或出现的错误，在学生身上也会重新发生。因此回顾数学知识的历史、分析数学家在做出创造时的失败与挫折对于预见、解释学生的认知困难有着极强的启发效果。极限概念教学难点的突破本质上就是思想观念的突破，这与极限概念的历史发展是一致的。按照徐利治先生所创立的抽象度分析理论[26]，小难度和中难度的抽象思维适用于已有理论的补充与完善，而大难度和特大难度的抽象思维则往往适用于新概念或新理论的创立，需要人们改变以往传统观念，引起思想上的质的飞跃。从历史角度可以看出，柯西与外尔斯特拉斯所给出的极限概念至少具有大难度。在教学过程中，如何把体现潜无限思想的无限过程转化为有限量的关系也就成为极限概念的动态描述转化为静态刻画的一个主要环节。

化难为易、化繁为简、化抽象为具体、化一般为特殊(或化特殊为一般)等都是学习过程中经常使用的化归方法。可以选择具体数列如 $\left\{\frac{n+(-1)^n}{n}\right\}$，显然，当 $n\to\infty$ 时，$\frac{n+(-1)^n}{n}\to 1$。又可以转

化为当 $n\to\infty$ 时，$\left|\frac{n+(-1)^n}{n}-1\right|\to 0$，即当 $n\to\infty$ 时，$\frac{1}{n}\to 0$。这实质上把数列$\left\{\frac{n+(-1)^n}{n}\right\}$的极限转化为数列$\left\{\frac{1}{n}\right\}$的极限，是化一般为特殊的过程。数列$\left\{\frac{1}{n}\right\}$具有明显的特点，即这是一个非负的、单调递减的数列，具有极强的直观性。下面就利用该数列的特殊性逐步揭示出当 $n\to\infty$ 时，$\frac{1}{n}\to 0$ 的含义。对于该数列当 n 无限增大时，$\frac{1}{n}$无限地小，反过来$\frac{1}{n}$无限小已决定着 n 的变化状态，这正是极限概念教学难点的关键点。即不应顺着数列 $1,2,3,\cdots,n$ 的方向去观察数列$\left\{\frac{1}{n}\right\}$的变化状态，而是在这一变化过程中，抓住$\frac{1}{n}\to 0$ 这一主要矛盾进行分析，即以怎样的方法去验证或检验$\frac{1}{n}$无限趋近于 0？事实上$\frac{1}{n}\to 0$ 意味$\frac{1}{n}$可以做到任意得小，也就是$\frac{1}{n}$可以做到足够小，只要 n 足够大。在这里$\frac{1}{n}$足够小以及 n 足够大的含义又是什么呢？

(3) 实验分析，直观把握。对数学概念真正的理解、真正的懂离不开数学直观。徐利治先生指出："只有把它理解得非常自然，非常直观，直至成为你心目中一目了然的东西，那才真正变成你自己的知识财富，这时候，你就能使用自己的语言很自然地而不是背诵式地去表述你所理解的一切。"[27] 取一系列的很小的数 $\varepsilon_1,\varepsilon_2,\cdots,\varepsilon_k$ 等，由以上分析有

$$\frac{1}{n}<\varepsilon_i\ (i=1,2,\cdots,k)$$

于是得到相应地 $N_1,N_2,\cdots,N_k$，使得当 $n>N_i\ (i=1,2,\cdots,k)$ 时，

必有

$$\frac{1}{n}<\varepsilon_i(i=1,2,\cdots,k)。$$

在数轴上作出以原点为中心的 $\varepsilon_i(i=1,2,\cdots,k)$ 邻域，则在该邻域内包含了从 $N_i+1(i=1,2,\cdots,N_k)$ 开始的所有项。$\frac{1}{n}\to 0$ 的精确含义就是对任意一个正数 ε，总可以找到一个正整数 N，使得数列 $\left\{\frac{1}{n}\right\}$ 中满足 $n>N$ 的所有项都落在原点的 ε 邻域内。亦即数列 $\left\{\frac{n+(-1)^n}{n}\right\}$ 中满足 $n>N$ 的所有项都落在 1 的 ε 邻域内。也就是对任意的正数 ε，都能找到正整数 N，对满足 $n>N$ 的一切 n，都有 $\left|\frac{n+(-1)^n}{n}-1\right|<\varepsilon$。

由上述特殊数列的极限定义的直观理解，不难得出当 $n\to\infty$ 时，$a_n\to a$ 的"$\varepsilon-N$"定义。有了数列极限的定义，可以借助于类比法推出函数极限等的精确化的定义，文献[1]给出的建议值得借鉴。

19.4.2　由连续函数的几何图形直观把握极限概念的本质

考察极限概念的发展历史，既要把握极限概念的整体演变历程，又要分析数学家的具体认识过程。1799 年，为了给出代数基本定理的一个单从算术、代数和分析相结合的证明，波尔查诺首先阐明函数连续性的定义，第一次明确指出连续观念的基础存在于极限之中。而外尔斯特拉斯同样先给出了函数在某一点连续的精确定义。函数的整体连续性具有现实原型的，与学生的实际生活密切相关的，在某一区间上的连续函数就是一条连续不断的曲线，具有相当明显的直观性。M. 克莱因指出，任何一门学科最初都是通过直观方法建立的，每一位数学家都是直观地思考问题，然后才用演绎形式表达结论。所以数学理解是通过直观方法获得的，逻

辑表达不过是学习的辅助工具[28]。受此启发，在极限概念的教学设计中，以函数 $f(x)$在区间 I 上的整体连续性为突破口，直观地观察到 $x\to x_0$ 时，$f(x)$无限趋近于 $f(x_0)$的。亦即当 $x\to x_0$ 时，$|f(x)-f(x_0)|\to 0$；也就是$|f(x)-f(x_0)|$可以做到足够小，只要 x 与 x_0 足够接近。再次借助于直观，作出直线

$$y=f(x_0)+\varepsilon_i(i=1,2,\cdots,k)$$

和

$$y=f(x_0)-\varepsilon_i(i=1,2,\cdots,k),$$

则可以得到

$$|f(x)-f(x_0)|<\varepsilon_i(i=1,2,\cdots,k)。$$

直观地可以找出相应的 $\delta_i(i=1,2,\cdots,k)$，极限的本质暴露无遗。再按照类比法推出一般函数极限的定义，最后得到数列极限的定义，这也不失为一条有效的教学策略。

19.5　极限定义内在规定性的辩证分析

极限定义中包含着丰富的辩证法，如 ε 的任意与确定的二重性、N 的存在性与不唯一性，ε 与 N 决定与被决定的关系、极限定义中常量与变量、过程与结果、精确与近似的对立统一关系等内容的挖掘对丰富学生的知识、进一步理解极限的定义无疑是有意义的，在此就不再赘述。

注：

[1] 常瑞玲. 用数学方法论指导极限概念教学的尝试[J]. 数学教育学报，2000，9(1)：78-80.

[2] 顾光辉，吕朝阳. 实无限与潜无限视角下的极限概念[J]. 数学教育学报，2004，13(3)：66-67.

[3] 李莉，谢琳. 关于学习极限概念认知障碍的研究与分析[J]. 数学教育学报，2006，15(1)：42-44.

[4] 张卫平. 文科学生学习微积分前对无限的认识层次分析[J]. 数学教育学报,2006,15(3):54-57.

[5] 爱德华. 微积分发展史[M]. 张鸿林,译. 北京:北京出版社,1987.

[6] 徐利治,朱悟槚,郑毓信. 数学方法论教程[M]. 南京:江苏教育出版社,1992.

[7] 李家宏. 关于无穷小概念的历史注记[J]. 自然科学史研究,1998,17(2):129-138.

[8] 戈登・迈・菲希尔. 数学史译文集续集[M]. 郭书春,译. 上海:上海科技出版社,1985.

[9] 李莉,谢琳,王诗云. 关于两种极限定义方式在教学中的比较[J]. 数学教育学报,2002,11(4):31-33.

[10] 吴文俊. 世界著名数学家传记[M]. 北京:科学出版社,1995.

[11] 波普尔. 客观知识[M]. 舒伟光,卓如飞,周柏乔,等译. 上海:上海译文出版社,1987.

[12] 谢琳,战玲. 极限概念的意义与数学发展的语言转向[J]. 数学教育学报,2010,19(5):90-92.

[13] 王光明. 高效数学教学行为的归因[J]. 数学教育学报,2010,19(5):75-79.

[14] 汪晓勤,林永伟. 古为今用:美国学者眼中数学史的教育价值[J]. 自然辩证法研究,2004,20(6):73-77.

[15] 王青建. 数学史:从书斋到课堂[J]. 自然科学史研究,2004,23(2):148-154.

[16] 薛红霞. 在数学教学中渗透数学史的作用[J]. 教育理论与实践,2005,25(12):40-42.

[17] 杨宝珊,杨刚. 关于数学史与数学教育思维研究[J]. 西北大学学报,2005,35(5):657-660.

[18] 张维忠. 传统与数学教育现代化[J]. 教育研究,2005,(8):

36-41.

[19] 张楠,罗增儒. 对数学史与数学教育的思考[J]. 数学教育学报,2006,15(3):72-75.

[20] 沈南山,黄翔. 明理、哲思、求真:数学史教育价值三重性[J]. 西南大学学报,2010,36(3):141-145.

[21] 杨渭清. 数学史在数学教育中的教育价值[J]. 数学教育学报,2009,18(4):31-33.

[22] 徐利治,王前. 数学哲学、数学史与数学教育的结合——数学教育改革的一个重要方向[J]. 数学教育学报,1994,3(1):3-8.

[23] 郑毓信,王宪昌,蔡仲. 数学文化学[M]. 成都:四川教育出版社,2000.

[24] 杜国平. 潜无穷、实无穷探析[J]. 自然辩证法通讯,2009,181(3):18-25.

[25] 王光明. 数学教育需要重视的两个问题[J]. 数学教育学报,2005,14(1):31-33.

[26] 徐利治,郑毓信. 数学抽象方法与抽象度分析法[M]. 南京:江苏教育出版社,1990.

[27] 徐利治. 漫谈数学的学习和研究方法[M]. 大连:大连理工大学出版社,1989.

[28] 汪晓勤,张小明. HPM 研究的内容与方法[J]. 数学教育学报,2006,15(1):16-18.

第 20 章　工科数学的应用性与实践性

工科数学是工科院校最重要的基础课之一，通过多门课程的学习，一方面应为学习后继课程奠定必要的数学基础；另一方面，又要从多方面培养学生的能力，使学生能够应用数学知识和方法去解决工程技术问题。然而，目前的工科数学大都与理科数学相接近，是理科教材的缩写和简化。重视数学理论自身的严密与完美，忽视其与相关课程的联系和渗透；重视数学内部的论证与计算，忽视用数学知识和方法解决实际问题。学生学了工科数学，耗费了大量的时间与精力，脑子里处处充满了定义、性质、定理、推论等结论性的知识，遇到实际问题，却又感到束手无策，甚至在后继课程中应用起来亦感困难。他们不知道怎样把实际问题化为数学问题，也不知道怎样才能把这些“空间”和“变换”与身边的事情挂起钩来，因而觉得数学“无用”、枯燥无味，学习起来也缺乏兴趣与动力。

针对上述现象，全国高校工科数学课程教学指导委员会在《关于工科数学系列课程教学改革的建议》中指出：“数学教育不仅仅是知识教育，更是一种素质教育。在传授知识的同时，要注意传授数学思想，培养创造性思维，授人以能力。”数学建模是培养学生综合运用数学知识分析解决实际问题的意识、兴趣和能力的一种有效手段，是提高学生素质的重要途径。

20.1　用“模仿科研法”讲授重要概念，提高建模能力

所谓数学建模，就是把实际问题经过大量的简化提炼，归结抽象成数学问题，再进行研究分析，最后返回去解决实际问题的一种

思考方法。数学概念是对实践中的一类现象加以高度概括，抽象出其数学要素而形成的，可见，由实际问题引进数学概念的数学活动，是学生建模的范例。在讲解概念的时候，讲清概念引出的背景和来龙去脉，使学生学会由实际问题归纳提炼数学要素的思想方法，是培养学生应用能力的必要手段。为此，我们对工科数学中的几个最重要概念，如导数定义、定积分定义、矩阵定义、随机事件的概率定义等，采用“模仿科研教学法”进行教学。重温前人的研究过程，即按照如下的基本线索或思维顺序实施教学：本单元提出的主要问题是什么？解决问题的思路和方法是什么？得出的主要结论及导出结论有哪些？主要结论的应用是什么？在讲授定积分定义的时候，首先提出“如何求曲边梯形的面积？”这一问题，并引导学生联想所遇到的同类问题，要求学生举出同类问题的例子，这样，学生广开思路，想出“变速直线运动的路程”问题、“拦水闸门承受的水压力计算”问题、“变力沿直线做功”问题等。在此基础上，引导学生舍弃各问题的实际意义，找出各问题的数学共性，是否是非均匀变化的整体量计算问题。关于均匀变化的整体量计算，在中学阶段已经学过。使用乘法能否设法将非均匀变化与均匀变化联系起来，用均匀变化的方法解决非均匀变化的问题呢？这样引导学生缜密思考，逐渐想出在小范围内“以直代曲”，然后再求“乘积”“和式”的极限这样巧妙方法，沿着“细分区间”“近似替代”“求和”“取极限”的思路即可解决问题，并由此得到定积分的定义。定积分定义一旦引出，前述一大类问题迎刃而解，而且依定积分崭新的理论，又可从数学角度探索出一系列新的规律，如定积分的性质、中值定理等，再去解决新的问题。在教学过程中，我们注意强调学生本身的主动性和探索性，力求在教学过程中让学生参与“创造知识”“发现规律”“发明定理”。像美国著名教育心理学家杰罗姆·布鲁纳所倡导的那样：“发现不仅限于寻求人类尚未知晓的事物，确切地说，它包括用自己头脑亲自获得知识的一切方法。”“教学要认真考虑这样一个事实，即一门课程不但要反映知识本身的性质，而且还要反映求知者的本质和知识获得的过程。”模仿科研教学法不仅适用于重要数学概念的教学，对重要数学理论的教学也很有效果。通常，数学定理反映了一般的科学规律，它显得严肃、严谨而让人感到枯燥无味，有的甚至叫人望而生畏；但若把它的原始模型和发现过程溶于教学过程之中，使学生参与到定理的发现过程之中，则可引起学生浓厚的学习兴趣。例如在“中值定理”的教学过程中，充分运用罗尔定理与拉格朗日中值定理之间的特殊与一般的关系，首先引导学生分析罗尔定理的条件和结论，指出该定理虽然建立了导数和函数之间的联系，但由于对函数的要求苛刻，只有当函数在区间两端点处函数值相等时才能使用，这就大大地限制了罗尔定理的应用范围。提出：“把这一限制去掉，会出现什么样的结果？”这一问题，借助于几何直观图形，可以让学生进行自由或分组讨论，由此激发学生的浓厚兴趣，通过思考，有的学生提出了非常接近于拉格朗日中值定理的猜想，有的提出了拉格朗日定理的几何解释。在这种情况下再来讲授拉氏定理，学生有饥餐渴饮之感，记忆倍加牢固，理解格外深刻。从罗尔定理与拉格朗日中值定理的内容即条件与结论来看，拉格朗日中值定理是罗尔定理的一般情况，但是为什么可以利用罗尔定理来证明拉格朗日中值定理呢？这恰恰是学生感到困惑的地方，如果教师能够从这两个定理的结论的表达形式上指出罗尔定理又是拉格朗日中值定理的一般情形，这种困惑很快就会消失。在运用课本中的方法证明了拉格朗日中值定理后，还可以启发学生想出课本之外的其他证明方法。诚然，采用模仿科研教学法花费的学时要多一些，但这完全可通过精选教学内容、删减或略讲可用计算机来进行繁杂数学计算的内容来解决。学生所付出的精力也大一些，但当他们在紧张的脑力劳动之后赢来美满解答的时候，内心充满胜利的喜悦。

20.2　调节教学内容,加强应用性与实践性的教学环节

工科数学中有许多应用性环节,如导数、相关变化率、定积分、多元函数的微分法、重积分、线面积分以及微分方程的应用等。但随着学时数的不断减少,这些应用环节往往得不到应有的重视,有的甚至被削弱。在教学中,我们采用“弱者加强、缺省弥补”的方法,尽量加强应用性与实践性的环节。在高等数学教学中,我们把导数的应用、积分的应用作为重点讲授,通过补充例题、补充作业题、加强“相关变化率”的教学,把用微分方程解决实际问题既作为重点,又作为难点组织教学,分散在各类方程中强化训练,并适当补充微分方程教学模型的例子,使学生的应用能力得以提高。“线性代数”这门课程在联系实际方面有明显的缺陷,除具有极强的培养应有的数学思维功能之外,“线性代数”确实具有很强的实用性,特别是在解决有关离散变量的问题时,更显示出这门课程的重要价值。基于这种认识,我们将个别重要概念穿靴戴帽,附引例及应用实例,使内容有血有肉,富有生机。若学时允许,在矩阵运算与线性方程组之后,适当融入线性经济模型的实例,就更具有启发性,同时也提高了学生学习的兴趣和自觉性。

20.3　重视应用题的教学和练习

用数学知识解应用题,能培养学生的思维能力和解决问题的能力,同时通过解应用题,又反过来使学生的数学知识得到巩固和强化,因此,应用题的教学和练习应是数学教学的一个重要方面。诚然,应用题的解决,要先对问题进行分析抽象和简化,假设变量和参数等;再建立起未知与已知的联系;最后通过教学处理才能得到所需数据;有时还要经过检验和修正,使其符合客观实际。也正因为如此,才使应用问题的教学和练习更显得重要。在教学中,对应用题该讲的一定讲到,尤其在习题课中,加大应用题的比重。例

如，在微分方程习题课中，我们着重训练用微分方程解应用题，纳入力学方面、电学方面、运动学等方面的应用题，用建立数学模型的过程设计教学，有些问题由教师讲解，有些问题由同学自己去解决。课后布置适量的综合应用题或智力开发题，约占作业量的15%左右，让学生选做，都可收到良好的效果。我们要求学生在做练习题时，不求得正确答案为满足，重要的是探索解决问题的最佳方法。我们鼓励学生标新立异，另辟蹊径，充分发挥自己的潜力与才干；要求学生对做过的部分题目，自己检查，自己评判，自己矫正，逐渐养成自己分析评判的习惯。长期坚持，可使学生变跟着老师走为自己独立走，分析问题解决问题的能力不断提高。加强工科数学的应用性和实践性，这是由工科院校的培养目标所确定的，也是工科院校数学教师必须长期深入研究的课题。目前，我们仅作了一些初步的探讨，已感耳目一新，既丰富了教学内容，又使课堂教学充满了生机。今后，我们将进一步扩大应用的范围，努力处理好应用性、实践性的教学与数学思想方法、数学内容教学的关系，探索出更加有利于培养跨世纪人才的教学模式。

第21章 刘徽与欧几里得数学理论体系的比较研究

任何一个理论体系都是使用概念并用这些概念组成的判断及用逻辑推理得到的结论这三者构成的[1]。魏景元四年，中国古代数学家刘徽使用概念、运用逻辑推理对《九章算术》作了全面的、系统的、逻辑的注释(简称刘徽注)，刘徽注成为中国古代数学理论体系建立的标志，所以刘徽被誉为中国古代数学理论体系的奠基人。公元前300年左右的古希腊数学家欧几里得，集前人之大成，使用概念，运用逻辑推理著成了完整的数学逻辑理论体系——《几何原本》，堪称古希腊几何学的里程碑。《九章算术注》即刘徽注及《几何原本》都是逻辑演绎的开创性成果，进一步探讨这两部杰著的逻辑背景、研究方法及其数学思想等方面的内容，并对二者进行比较研究，无疑对了解中外数学史发展趋势具有现实意义。

21.1 《九章算术注》与《几何原本》的逻辑起源

《九章算术》分为方田、粟米、衰分、少广、商功、均输、盈不足、方程和勾股九部分，全面概括了东汉初年中国数学的主要内容和成就。该书中有246个问题，全都是来自当时人们的实际需要，并且对问题的描述侧重定量，以计算为中心，这是中国古代数学的主要特点。《九章算术》的主要缺点就是轻视数学理论的研究，其中的许多公式和方法相当抽象和高深，没有留下任何推导或论证，是非经验的结果，可见《九章算术》中一定存在着某种形式的论证[2]，论证的方法是归纳法[1]。然而该法在数学上只能得出或然性结论，还不是真正的数学证明，因此《九章算术》中的某些证明存在着局限性，在数学体系上具有严重缺陷，是不完整的，这就为刘徽对《九章算术》作注释提供了客观条件。刘徽说："徽幼习《九章》，长再详览。观阴阳之割裂，总算术之根源。探赜之暇，遂悟其意。是以敢竭顽鲁，采其所见，为之所注。"这就道出了他作刘徽注的思想方法。他通过"悟其意"，深刻认识了数学的本源和内部联系。他把数学比喻成一株大树，数学的各部分就是这株大树的枝条，互相之间存在着有机的联系。他说："事类相推，各有攸归。故枝条虽分而同本干知，发其一端而已。"这个端，就是刘徽所说的"以法相传，亦犹规矩度量可得而共。"因此，他明确地认为，数学的端是客观世界的空间形式和数量关系的统一。这一哲学观的产生不是偶然的，很可能是受先秦哲学思想的影响而发展起来的[3]。他从"规矩度量可得而共"出发，引出关于率、正负数的定义、出入相补原理、无穷小分割，以演绎逻辑为主要方法，一个命题接一个命题进行证明。这样《九章算术》所奠定的中国古代数学框架被改造成了一个以演绎逻辑为基础的系统。

关于欧几里得编写《几何原本》的初衷众说纷纭。有人认为他是打算汇集古典时期的三大伟大发现：欧多克斯的比例论、西艾泰德斯的无理数论，以及在柏拉图宇宙学中占突出位置的"五正体论"；有人认为，全书精心设置 464 个命题的落足点是论证最后的那个五正体论；也有人认为这本书的目的是帮助人们学习哲学[4]，但较普遍的一种说法是强调希腊哲学的影响。早期希腊数学家都是哲学家，因而哲学对希腊数学的影响确实至关重要。柏拉图的著作就肯定了知识有加以演绎整理的必要，并已谈到不加证明而接受作为真理的原理，这正是欧几里得几何的出发点。亚里士多德的三段论法则，出现在欧几里得几何之前，无疑是后者证明方法的逻辑基础。欧几里得几何与爱利亚学派的辩证术似乎也有密切关系。爱利亚学派的门徒们在进行辩论时，争论的双方必须从某个被双方共同承认的命题出发。他们给该命题一个专用的希腊名词,意思是“争论的基础”,后来即转意为数学中的“公设”。希腊人能够最先创造出演绎式的数学,当然还可能与当时希腊高度发达的奴隶制度所提供的社会条件有关。这或许是《几何原本》产生的逻辑背景。

由以上分析,我们可得到这样的结论:古代的经验计算方法知识积累到一定阶段,对它们加以系统的逻辑整理是一种必然的趋势!其中哲学起着重要的指导作用。

21.2 刘徽注与《几何原本》的理论体系比较

刘微注与《几何原本》相同点都采用了演绎逻辑法。由于刘徽认识到归纳法在数学证明中的局限性,因而他在《九章算术》中绝大多数公式和解法的证明中,除了继续使用类比、归纳等方法外,主要采用逻辑演绎法,从而把数学知识建立在必然性基础上,成为真正的数学科学。

例如,《九章算术》中提出的圆面积公式 $S=\frac{1}{2}Lr$(L 表示周长,r 表示半径),在刘徽注之前,是用圆内接正十二边形面积代替圆面积,然后将其分割拼凑成为以圆内接正六边形周长为长,用圆半径为宽的矩形来近似验证的。刘徽指出这种方法以周三径一为基础“皆非也”。他从圆内接正六边形开始割圆,得到的正 6×2^n 边形面积序列 $\{S_{6\times2^n}\}$,$S>\{S_{6\times2^n}\}$,随着 n 的增大,$S-S_n$ 越来越小,“割之又割,以至于不可割,则与圆周合体而无所失矣。”此时即有 $S-S_{6\times2^n}\to0(n\to\infty)$。另一方面,刘徽构造一种“类齿轮盘”,从外部来逼近圆盘。他将圆半径与边心距(r_n)之差称为余径(Δr_n)。在内接正 6×2^n 边形的每一边上,向外作以 $a_{6\times2^n}$ 为长,以 Δr_n 为宽的长方形(如图 21.1 中的长方形 $ABFE$)。由图可知,其面积

$$S_{\text{长方形}ABFE}=a_{6\times2^n}\times\Delta r_n=\frac{2}{6\times2^n}(S_{6\times2^{n-1}}-S_{6\times2^n})$$

这样构成的类齿轮盘面积为

$$\begin{aligned}S^*_{6\times 2^n} &= S_{6\times 2^n} + 6\times 2^n S_{长方形ABFE} \\ &= S_{6\times 2^n} + 2(S_{6\times 2^{n-1}} - S_{6\times 2^n}) \\ &= S_{6\times 2^{n-1}} + (S_{6\times 2^{n-1}} - S_{6\times 2^n})\end{aligned}$$

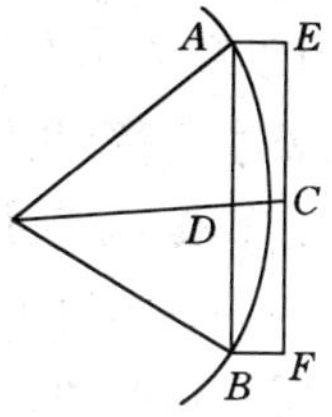

图 21.1

于是 $S^*_{6\times 2^n} > S$。刘徽指出，当无限等分圆周使内接正多边形与圆相合时，余径消失，类齿轮盘在圆外部分的面积也趋于零，即 $n\to\infty$ 时，$\Delta r_n \to 0$，$S^*_{6\times 2^n} - S \to 0$。最后，刘徽总结道，由于

$$S_{6\times 2^n} = 3\times 2^{n-1}\cdot a_{6\times 2^{n-1}}\cdot r = \frac{P_{6\times 2^{n-1}}}{2}\cdot r,\ P_{6\times 2^{n-1}} \to L,$$

当 $n\to\infty$ 时，故有

$$S = \frac{1}{2}Lr。$$

这个证明用现代数学的观点看也不失为一个严谨的证明。本证明摒弃了归纳论证，明显的是采用演绎证明。

纵观刘徽注这一杰作，刘徽对《九章算术》内容的修止或补充，大都是演绎证明的结果。

《几何原本》的理论体系是逻辑演绎体系，这是公认的事实。但是该体系与《九章算术注》体系不同。《几何原本》的基本结构是选取少量原始概念和不需证明的几何命题作为定义、公理、公设，使之成为全部几何学的出发点和逻辑依据，然后运用逻辑推理证明其余的命题，从而得到一系列的几何定理，定理的编排也是由简到繁。而《九章算术注》是继承了《九章算术》中以计算为中心的特点，刘徽出于对《九章算术》内容的修正或补充的目的，定义了许多无须证明而被认为是真的结论（有人称这些结论为公理，也有人称之为原理）作为证明的前提。在许多证明中，他不尽用演绎法，也用综合法、分析法，有时还用反证法。但多用综合法，即从命题的

条件出发,经过逐步的逻辑推理,最后达到待证的结论。如《九章算术》勾股章节十四题,刘徽注便是用综合法证明的一个典型例子。刘徽注不像《几何原本》那样是一部自成体系的著作,他为什么没有这样做,是值得我们进一步探讨的问题。但《几何原本》绝不是一部完整的逻辑理论体系,其主要缺点是基础部分不够严密,有些证明有遗漏和错误。在组织上,全书未呵成一气,某种程度上是前人著作的堆砌。

上述内容是从整体角度对刘徽注及《几何原本》的理论体系作了比较。我们还可从局部角度对两者的部分成就、数学方法及数学思想做比较。

欧几里得在《几何原本》中任何地方都没有给出圆面积、球体积等重要公式的计算,这并不是他不知道早已存在的近似计算方法,而是基于一个众所周知的原因:在他看来这种计算属于实际测量而不属于理论几何[4]。而刘徽则不然,他不仅承认《九章算术》中的圆面积、球体积公式,而且还用极限方法严格地给出了证明。这说明欧几里得还是以经验的观点来审视数学理论的,刘徽是以非经验观点对数学理论进行严格逻辑证明的。

欧几里得回避“无穷”这个概念,这体现在它的第五公设中。欧几里得有意把这个公设讲得比较复杂,提出了二直线能交于有限远处的条件。由于第五公设不像其他公设那样直观,所以许多数学工作者耗费了巨大精力去证明,结果均未成功,直到19世纪初,罗巴切夫斯基才认识到这种想法是不可能实现的,由此导致了非欧几何的诞生。而刘徽则承认“无穷”的存在性,他对《九章算术》中鳖臑体积公式$V=\frac{1}{2}abh$(a,b,h分别为长、宽、高)的新证法就体现了这一点。

刘徽的数学思想主要表现在以下几方面:

(1) 批判思想　在少广章开立圆术注中,刘徽批判了张衡关于计算球体积的唯心主义观点，他指出："衡说之自然，欲协其阴阳奇偶之说而不顾疏密矣。虽有文辞，斯乱道破义，病也。"在方程章的注释中，刘微批评某些算家"拙于精理徒按本术者，或用算而布毡，方好烦而喜误，曾不知其非，反欲以多为贵。"主张"虽布算不多，然足以算多"。

(2) 弱抽象思想　刘徽具有高度的抽象概括能力，善于在深入广泛的实践基础上，提炼出一般的数学原理，而从为数不多又极为简单易明的几条基本原理出发，解决许多重大的理论关键问题，这主要体现在几何学方面。

(3) 思辨性思想　刘徽主张"析理以辞，解体用图"。这里的"辞"就是逻辑，"图"则指直观图形。这就是说，把逻辑推理与直观分析结合起来，这种科学的思想方法贯穿在他的《九章算术注》中。

(4) 极限思想　极限观念是刘徽数学思想的重要组成部分。刘徽的割圆术将圆周作为其内接正多边形边数无限增大时的极限，证明了《九章算术》中的面积公式就是一个典型的例证。类似地，在弧田术注中，刘徽将割圆术的思想与方法用之于弓形面积的计算，给出了用内接多边形面积无限逼近弓形面积的具体计算方法。

欧几里得的数学思想主要有以下几方面：

(1) 公理化思想　《几何原本》是公理化数学理论体系的光辉典范，这是公认的事实。公理化思想方法在欧几里得之后的许多自然科学与数学分支中占据着统治地位。

(2) 动态思维　该思想在《几何原本》中体现得较多，如第十一篇给出了立体几何的定义，并把球、圆柱和圆锥定义为从平面图形绕一轴旋转得出的。这体现了欧几里得用运动的观念来统一数学中基本概念的思想。

渗透在《几何原本》中的数学思想还有许多，但由于这些思想不是欧几里得的独创，而是前人成果的吸收，所以在这里我们就不再探讨了。

从刘徽和欧几里得的数学思想来看，都具有辩证唯物主义的"运动"观及"对事物总的看法"观，都有数学开拓精神。重要区别在于刘徽具有批判精神，而欧几里得却没有；欧几里得具有公理化思想，而刘徽却欠之。

注：

[1] 郭书春. 试论刘徽的数学理论体系[J]. 自然辩证法通讯，1987，9(2)：42-48.
[2] 钱宝琮. 中国数学史[M]. 北京：科学出版社，1964.
[3] 中外数学史编写组. 中国数学简史[M]. 济南：山东教育出版社，1986.
[4] 中外数学史编写组. 外国数学简史[M]. 济南：山东教育出版社，1987.

第 22 章　Gröbner 基的一个应用

1964 年，H. Hironaka 在研究奇性分解时引进了多元多项式的除法算法[1]。几乎同时期，B. Buchberger 利用除法算法系统地研究了域上多元多项式环的理想生成元问题[2]。他的基本思想是在单项式的集合中引入保持单项式的乘法运算的全序，称之为项序。为保证多项式相除后所得的余项唯一，他引进了 S-多项式，给出了一种算法，使得对多项式环中任意给定的理想，从它的一组生成元，可计算得到一组特殊的生成元，即现在通常所称的 Gröbner 基，也有称之为标准基。利用 Gröbner 基，理想成员的判断及许多问题都可得到解决。因此，Gröbner 基的出现，不仅受到代数学界人士的重视，而且受到数学界、应用数学界、计算机科学界和系统科学界等领域研究人员的重视[3-4]。此处利用 Gröbner 基证明一个联立方程式无解。

22.1　预备知识

设 C 为复数域，$S=C[x_1,x_2,\cdots,x_n]$ 为多项式环，

$$Mon(S)=\{x^a=x_1^{a_1}\cdots x_n^{a_n}\mid a_i\in Z_{\geqslant 0}\}$$

为 S 的全体单项式集合。

定义 22.1　设 $I\subset S$，如果 I 满足

(1) $\forall f,g\in I$，有 $f+g\in I$。

(2) 对于 $f\in I,h\in S$ 有 $fh\in I$。

则称 I 为 S 的一个理想。

由于一个多项式是由一些单项式组合而成的，如

$$f(x,y)=x^2+y^2,$$

究竟是将 x^2 放在前面还是将 y^2 放在前面，即写成

$$f(x,y)=y^2+x^2$$

这在研究多元多项式除法时尤为重要，因此有必要给单项式赋予“序”。$Mon(S)$上的全序是指对任意两个单项式都具有可比性，也就是说“$<,=,>$”中必有其一成立。

定义 22.2 多项式环 S 上的单项式序是指 $Mon(S)$上的全序，满足条件

(1) $\forall u(\neq 1)\in Mon(S)$，有 $1<u$。

(2) $\forall u,v,w\in Mon(S)$，若 $u<v$，则 $wu<wv$。

注 22.1 对于 S 上任意非零多项式 f，即

$$0\neq f=\sum_{\substack{u\in Mon(S)\\ \text{有限和}}} a_u u\in S\quad (a_u\in C),$$

约定

$$Supp(f)=\{u\mid a_u\neq 0\},$$

并记 $\mathrm{in}_<(f)$(initial monomial)是指 $Supp(f)$中关于单项式序“$<$”的最大单项式。

现在给出几种常用的单项式序。

定义 22.3 设

$$x^a=x_1^{a_1}\cdots x_n^{a_n},\quad x^b=x_1^{b_1}\cdots x_n^{b_n},$$

$$\deg(x^a)=\sum_{i=1}^n a_i,\quad \deg(x^b)=\sum_{i=1}^n b_i。$$

(1) 纯辞典序：对于 $a_i\neq b_i$ 的最初的 i，当 $a_i>b_i$ 时，有 $x^a>_{pl}x^b$。

(2) 分次辞典序：$\deg(x^a)>\deg(x^b)$，有 $x^a>_{dl}x^b$，或当 $\deg(x^a)=\deg(x^b)$时，对于 $a_i\neq b_i$ 的最初的 i，当 $a_i>b_i$ 时，有 $x^a>_{dl}x^b$。

(3) 分次逆辞典序：$\deg(x^a)>\deg(x^b)$，有 $x^a>_{rl}x^b$ 或当 $\deg(x^a)=\deg(x^b)$时，对从最右(或后)边数首个 $a_i\neq b_i$ 的 i，当 a_i

$<b_i$ 时，有 $x^a>_n x^b$。固定 $Mon(S)$ 上的一个单项式序“$>$”，那么所有非零多项式 $f\in S$ 均可表示为

$$f=\alpha_1 x^{a_1}+\alpha_2 x^{a_2}+\cdots+\alpha_r x^{a_r}$$

$$(\alpha_i\in C^{\times}=C\backslash 0, x^{a_1}>x^{a_2}>\cdots>x^{a_r}),$$

这里 f 的首项、首项单项式、首项系数分别表示为

$$\mathrm{lt}(f)=\alpha_1 x^{a_1}, \mathrm{lm}(f)=x^{a_1}, \mathrm{lc}(f_1)=\alpha_1$$

22.2　Gröbner 基及其求法

Hilbert 基底定理告诉我们，S 的理想 I 是有限生成的（即理想的记述问题），设

$$S=C[x,y,z], G=\{g_1,g_2\}\subset S,$$

$$g_1=x^2-z, g_2=xy-1$$

关于序“$<_{\mathrm{lex}}$”，由 g_1 和 g_2 可生成 S 的一个理想

$$I=(g_1,g_2)。$$

又设

$$f=x^3-x^2y-x^2-1\in S,$$

现用 $G=\{g_1,g_2\}$ 去除 f，得

$$f=(x-y-1)g_1+0g_2+(xz-yz-z-1),$$

$$f=(x-1)g_1-xg_2+(xz-x-z-1)。$$

可见 f 关于 $G=\{g_1,g_2\}$ 的余项不唯一。然而 Gröbner 基有个非常好的特性，即用它去除多项式所得余项唯一。这为它赢得了广泛重视。

定义 22.4　固定一个单项式序，对于理想

$$I(\neq(0))\subset S$$

所有非零多项式 $f\in I$ 的首项单项式

$$\mathrm{lm}(f)(=\mathrm{in}_<(f))$$

生成的理想叫作 I 的 initial 理想，记为 $\mathrm{in}_<(I)$，即

$$\mathrm{in}_<(I)=(\{\mathrm{in}_<(f)\mid 0\neq f\in I\})。$$

定义 22.5 固定一个单项式序，设 I 是 S 的一个理想，有限集合

$$G=\{g_1,\cdots,g_s\}\subset I,$$

如果

$$\mathrm{in}_<(I)=(\mathrm{in}_<(g_1),\cdots,\mathrm{in}_<(g_s)),$$

则称 G 是 I 的 Gröbner 基。

下面引理说明了当 G 是 I 的 Gröbner 基时，f 关于 G 的余项是唯一的。

引理 22.1 若 $G=\{g_1,\cdots,g_s\}$ 是 $I=\{g_1,\cdots,g_s\}$ 的 Gröbner 基，那么对于任意的 $0\neq f\in S$，关于 G 的余项是唯一的。

推论 22.1(理想所属问题) 设 G 是理想 I 的 Gröbner 基，则 f 属于 I 与 f 关于 G 的余项是零等价。即 $f\in I\Leftrightarrow\overline{f}^G=0$，其中 $\overline{f}^G$ 表示 f 用 G 除所得的余项。

现在开始具体地介绍计算理想 I 的 Gröbner 基的方法。为此引入一重要概念——S-多项式。

定义 22.6 f 和 g 的 S-多项式是指

$$S(f,g)=\frac{\mathrm{lcm}(\mathrm{in}_<(f),\mathrm{in}_<(g))}{c_f\cdot\mathrm{in}_<(f)}f-\frac{\mathrm{lcm}(\mathrm{in}_<(f),\mathrm{in}_<(g))}{c_g\cdot\mathrm{in}_<(g)}g,$$

其中 $\mathrm{lcm}(\mathrm{in}_<(f),\mathrm{in}_<(g))$ 是 $\mathrm{in}_<(f)$ 和 $\mathrm{in}_<(g)$ 的最小公倍数，c_f 和 c_g 分别为 $\mathrm{in}_<(f)$ 和 $\mathrm{in}_<(g)$ 的系数。

注 22.2 设

$$\mathrm{in}_<(f)=x^a,\mathrm{in}_<(g)=x^b,$$

$$a=(a_1,\cdots,a_n),b=(b_1,\cdots,b_n)。$$

$$c=\mathrm{lcm}(a,b)=(\max(a_1,b_1),\cdots,\max(a_n,b_n)),$$

那么

$$\mathrm{lcm}(\mathrm{in}_<(f),\mathrm{in}_<(g))=x^c。$$

定理 22.1(Buchberger 判定法) 设

$$G=\{g_1,g_2,\cdots,g_s\}$$

是 S 的理想 $I(\neq(0))$ 的生成系，即

$$I=(g_1,g_2,\cdots,g_s),$$

那么 G 为 I 的 Gröbner 基的充分必要条件是对于任意的 $i\neq j$，$S(g_i,g_j)$ 关于 G 的余项为 0，也即

$$\overline{S(g_i,g_j)}^G=0(i\neq j)。$$

Buchberger 算法　作为初期条件，理想

$$I=(g_1,g_2,\cdots,g_s),$$

子集

$$G=\{g_1,g_2,\cdots,g_s\}$$

及单项式序"$>$"。

步骤 1　判定 G 是否为 I 的 Gröbner 基？如果是，算法结束，得出 G 是 I 的 Gröbner 基。否则，进入步骤 2。

步骤 2　扩展 G，即令

$G\cup\{h_{ij}\neq 0\mid h_{ij}$ 是 $S(q_i,q_j)$ 关于 G 的余项$\}$，作为 G，返回步骤 1。

乍看步骤 2 成了无限循环，可根据 $\mathrm{in}_<(I)$ 的有限生成性，可知在进行有限次后必然终了。这样就求出了 Gröbner 基。

例 22.1　求理想

$$I=(x^3-yz,y^2-xz,z^2-x^2y)$$

的 Gröbner 基。

解　(1) 采用纯辞典序"$>$pl"。记

$$g_1=x^3-yz,g_2=x^2y-z^2,g_3=xz-y^2,$$

并设

$$G=\{g_1,g_2,g_3\},$$

由 Buchberger 算法可得

$$h_{23}=xy^3-z^3,$$

将其记为 g_4，更新

$$G=\{g_1,g_2,g_3,g_4\}。$$

再由 Buchberger 算法可得

$$h_{34}=y^5-z^4,$$

将其记为 g_5，更新

$$G=\{g_1,g_2,g_3,g_4,g_5\}。$$

根据 Buchberger 算法，此即理想 I 的 Gröbner 基。

(2) 采用分次逆辞典序“$>$rl”。记

$$g'_1=x^3-yz,g'_2=x^2y-z^2,g'_3=y^2-xz,$$

并设

$$G'=\{g'_1,g'_2,g'_3\},$$

由 Buchberger 算法，此即理想 I 的 Gröbner 基。可见，Gröbner 基与单项式的序密切相关。

22.3 Gröbner 基的一个应用

定义 22.7 设 I 是多项式环 S 的理想，G 是 I 的 Gröbner 基，如果 G 满足

(1) $\forall p\in G, lc(p)=1$，

(2) $\forall p\in G$，p 的单项式 $\notin (lt(G-\{p\}))$，

则称 G 是 I 的简约 Gröbner 基。

例 22.2 用 Gröbner 基证明联立方程式

$$x+y=0,x^2-1=0,y^2-2x=0$$

无解。

证明：(1) 根据方程 $x^2-1=0$ 可得 $x=\pm1$，

再由方程 $x+y=0$ 可得 $(x,y)=(1,-1),(-1,1)$。而当 $(x,y)=(1,-1)$ 时，因

$$y^2-2x=-1\neq0,$$

当 $(x,y)=(-1,1)$ 时，因

$$y^2-2x=3\neq0,$$

故所给联立方程式无解。

(2) 绘制三个方程对应原曲线图,如图 22.1 所示,显而易见不管哪两条曲线最多只有两个交点,故此联立方程式无解。

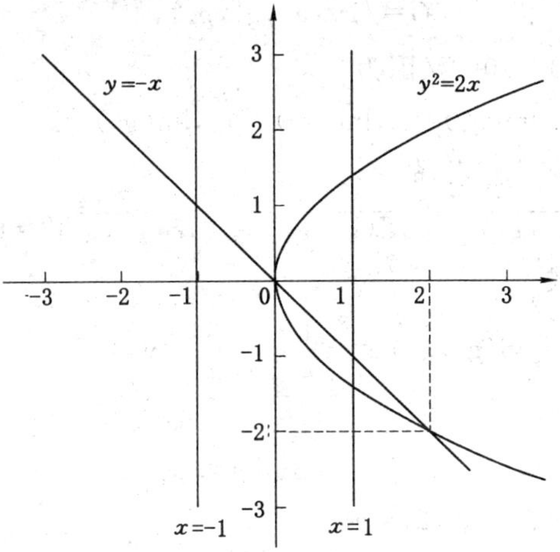

图 22.1

(3) 若联立方程式没有解,这意味着包含未知数 x,y 的多项式,记述问题不成立,也就是说多项式环上的任意理想不是有限生成的了,从而 Gröbner 基应该是$\{1\}$。下面就通过求 Gröbner 基来证明。记

$$g_1=x+y, g_2=x^2-1, g_3=y^2-2x,$$

设两个变量的多项式环 $C[x,y]$的理想

$$I=(g_1,g_2,g_3),$$

固定序 $x>y$,并取

$$G=\{g_1,g_2,g_3\},$$

则 S-多项式

$$S(g_1,g_2)=xg_1-g_2=xy+1=(g_1-y)y+1=g_1y-y^2+1,$$

由于$\overline{S(g_1,g_2)}^G\neq 0$,取

$$g_4=-y^2+1,$$

并追加为 G 的新元素,即更新

$$G=\{g_1,g_2,g_3,g_4\},$$

此时$\overline{S(g_1,g_2)}^G=0$。又因为

$$\mathrm{lm}(g_1)=x,\mathrm{lm}(g_2)=x^2,\mathrm{lm}(g_3)=x$$

均与$\mathrm{lm}(g_4)=y^2$ 互素,故

$$\overline{S(g_1,g_4)}^G=0,\overline{S(g_2,g_4)}^G=0,\overline{S(g_3,g_4)}^G=0。$$

因为 S-多项式

$$S(g_1,g_3)=-\frac{1}{2}g_4+\frac{1}{2}(2y+1),$$

同上,取

$$g_5=2y+1,$$

并追加为 G 的新元素,即更新

$$G=\{g_1,g_2,g_3,g_4,g_5\},$$

此时$\overline{S(g_1,g_3)}^G=0$。由于

$$\mathrm{lm}(g_1)=x,\mathrm{lm}(g_2)=x^2,\mathrm{lm}(g_3)=x$$

和$\mathrm{lm}(g_5)=y$ 均互素,所以

$$\overline{S(g_1,g_5)}^G=0,\overline{S(g_2,g_5)}^G=0,\overline{S(g_3,g_5)}^G=0。$$

另因

$$S(g_2,g_3)=\frac{1}{2}xg_3+g_2,$$

所以

$$\overline{S(g_2,g_3)}^G=0。$$

又因为

$$S(g_4,g_5)=-\frac{1}{4}g_5-\frac{3}{4},$$

故取

$$g_6=1,$$

更新

$$G=\{g_1,g_2,g_3,g_4,g_5,g_6\}。$$

这里，g_1,g_2,g_3,g_4,g_5 全是 g_6 的倍数，故 I 的极小简约 Gröbner 基是 $G=\{1\}$。由 Gröbner 基的概念，得到当然的结论，即此联立方程式无解。

该问题表面上看用手工计算工作量很大，但用计算机借助 Maple、Mathematica 等软件，特别在求比较难的题时，用 Gröbner 基处理就显得操作性极强。

例 22.3　用 Gröbner 基求解联立方程式

$$x^2-1=0,x-y=0,y-x^2=0。$$

解　不妨记

$$g_1=x^2-1,g_2=x-y,g_3=-x^2+y,$$

设两个变量的多项式环 $C[x,y]$的理想为

$$I=(g_1,g_2,g_3),$$

固定序 $x>y$，并设

$$G=\{g_1,g_2,g_3\},$$

据 S-多项式求 Gröbner 基，进而求简约 Gröbner 基。

首先计算

$$S(g_1,g_2)=g_1-xg_2=xy-1=(g_2+y)y-1=g_2y+y^2-1,$$

故取

$$g_4=y^2-1,$$

更新

$$G=\{g_1,g_2,g_3,g_4\},$$

此时有

$$\overline{S(g_1,g_2)}^G=0,$$

由于$\mathrm{lm}(g_1)=x^2$ 与$\mathrm{lm}(g_4)=y^2$ 互素，故

$$\overline{S(g_1,g_4)}^G=0。$$

同理可得

$$\overline{S(g_2,g_4)}^G=0,\overline{S(g_3,g_4)}^G=0。$$

根据

$$S(g_1,g_3)=y-1,$$

故取

$$g_5=y-1,$$

更新

$$G=\{g_1,g_2,g_3,g_4,g_5\},$$

此时

$$\overline{S(g_1,g_3)}^G=0。$$

同理有

$$\overline{S(g_1,g_5)}^G=0,\overline{S(g_2,g_5)}^G=0,\overline{S(g_3,g_5)}^G=0。$$

又因为

$$S(g_2,g_3)=-xy+y=-(g_2+y)y+y=-g_2y-g_4+g_5,$$
$$S(g_4,g_5)=y-1=g_5,$$

所以

$$\overline{S(g_2,g_3)}^G=0,\overline{S(g_4,g_5)}^G=0。$$

故 Gröbner 基为

$$G=\{g_1,g_2,g_3,g_4,g_5\}。$$

由于

$$g_4=(y+1)g_5,g_3=-g_1+g_5,$$
$$g_1=x^2-1=(g_2+y)^2-1=g_2{}^2+2yg_2+g_4,$$

所以简约 Gröbner 基为

$$G=\{g_2,g_5\}=\{x-y,y-1\},$$

由 $y-1=0$ 得 $y=1$,再由 $x-y=0$ 得 $x=1$,即方程组有解

$$(x,y)=(1,1)。$$

注:

[1] HIRONAKA H. Resolution of singularities of an algebraic